变电站带电作业典型方法与实践

云南电网有限责任公司输电分公司　组织编写

中国水利水电出版社
www.waterpub.com.cn
·北京·

内 容 提 要

本书内容涵盖变电站内带电工器具的功能、注意事项，变电站带电典型作业方法的适用场景、关键作业步骤，以及变电站带电作业典型案例。与此同时，针对变电站内带电作业方法存在的危险点，给出相应的控制防范措施。从事变电带电作业专业的人员，可依据本书介绍的带电作业工器具与方法，结合自身实际开展站内带电作业，借此提升带电作业技术能力，拓展变电带电作业领域。

本书可供从事输配电带电作业专业的人员参阅，将适用于变电带电的工器具和方法与自身专业特点相结合，开展新型带电作业项目，解决实际生产问题。

图书在版编目（CIP）数据

变电站带电作业典型方法与实践 / 云南电网有限责任公司输电分公司组织编写. -- 北京：中国水利水电出版社, 2025. 6. -- ISBN 978-7-5226-3478-4

Ⅰ. TM63

中国国家版本馆CIP数据核字第2025VM3026号

书　　名	变电站带电作业典型方法与实践 BIANDIANZHAN DAIDIAN ZUOYE DIANXING FANGFA YU SHIJIAN
作　　者	云南电网有限责任公司输电分公司　组织编写
出版发行	中国水利水电出版社 （北京市海淀区玉渊潭南路1号D座　100038） 网址：www.waterpub.com.cn E - mail：sales@mwr.gov.cn 电话：（010）68545888（营销中心）
经　　售	北京科水图书销售有限公司 电话：（010）68545874、63202643 全国各地新华书店和相关出版物销售网点
排　　版	中国水利水电出版社微机排版中心
印　　刷	天津嘉恒印务有限公司
规　　格	170mm×240mm　16开本　7.25印张　122千字
版　　次	2025年6月第1版　2025年6月第1次印刷
印　　数	0001—1000册
定　　价	**78.00元**

凡购买我社图书，如有缺页、倒页、脱页的，本社营销中心负责调换

版权所有·侵权必究

本书编委会

主　　编：沈　志　王洪武
副 主 编：陈　康
参编人员：马　宁　郝旭东　王汉雨　刘　磊
　　　　　赵维谚　杨宏伟　李俊鹏　陶留海
　　　　　郑和平　杨　凤　弓旭强　姜立超
　　　　　杨长旺　马大鹏　崔　傲　郑瑞东
　　　　　郑孝干　吴慧峰　王梓帆　王　康
　　　　　潘锐健　庞　峰　李长武　郭瑞兵
　　　　　宋晓明　高梓瑞　刘　芮　王　刚
　　　　　崔玉坤　曹安全　陈　强　徐尚超
　　　　　张岑西　杨维祥　杨云铝　刘　劲

参与单位：

组编单位：中能国研（北京）电力科学研究院
主编单位：云南电网有限责任公司输电分公司
成员单位：国网辽宁省电力有限公司电力科学研究院
　　　　　国网冀北电力有限公司电力科学研究院
　　　　　云南电网有限责任公司德宏供电局
　　　　　国网河南省电力公司超高压公司
　　　　　国网辽宁省电力有限公司鞍山供电公司
　　　　　国网四川省电力公司技能培训中心
　　　　　广东电网有限责任公司佛山供电局
　　　　　南方电网科学研究院有限责任公司
　　　　　云南电网有限责任公司红河供电局
　　　　　云南电网有限责任公司普洱供电局
　　　　　云南电网有限责任公司曲靖供电局
　　　　　福州亿力电力工程有限公司电力安装分公司
　　　　　山东泰开高压开关有限公司
　　　　　昆明东电科技有限公司

前言
FOREWORD

电力系统的特点是生产、输送、分配和用户消费都在同一时间完成，随着电网的建设和社会经济的不断发展，电力用户对供电可靠性的要求也在不断提高。带电作业是保障供电设备安全可靠运行、提高电网经济效益和服务质量的重要手段，为电力系统的安全可靠运行发挥了重要的作用。

变电站是电网的重要组成部分，是电网中的节点，承担着电网安全运行和负荷分配的重要任务，变电站一次设备停电检修对电网安全运行影响很大。由于变电站内带电作业空间环境相较于输电线路更为复杂，设备繁多，为了减少占地，设计的基本没有考虑带电检修作业要求，在保证安全运行的条件下尽量压缩空间，以致没有考虑人员带电作业所需空间，尤其是三相设备之间的相间距，仅按安全运行设计，没有带电作业人员作业活动空间间隙，安全距离不满足常规带电作业标准要求，给带电作业人员的操作和安全防护增加了很大难度。然而，变电站的重要性越来越明显，停电检修越来越困难，所以变电站设备带电检修作业逐步受到了各级电力公司和研究机构的重视，陆续开展了不同内容的变电站带电作业检修方式和方法的研究与尝试，在满足安全的条件下，研究出许多新的作业方法和相应的作业装置。此书将近二十年部分电力职工和科研单位针对变电站带电作业检修工作进行的研究与作业实践总结出来，以供广大供电企业参考学习及应用，不足之处请批评指正。

作者

2025 年 3 月

目录

前言

第 1 章　变电站带电作业发展历史 ·· 1

第 2 章　我国变电站带电作业技术现状 ·· 4

第 3 章　变电站带电作业常用工器具介绍 ··· 9

 3.1　绝缘承载登高类工器具 ··· 9
  3.1.1　绝缘人字梯 ··· 9
  3.1.2　绝缘挂梯 ·· 10
  3.1.3　绝缘软梯 ·· 11
  3.1.4　履带式自行走绝缘升降平台 ·· 13
  3.1.5　绝缘斗臂车 ·· 14
 3.2　操作类工器具 ·· 16
  3.2.1　绝缘操作杆 ·· 16
  3.2.2　绝缘清扫操作工具 ·· 17
 3.3　防护类工器具 ·· 18
  3.3.1　屏蔽服 ··· 18
  3.3.2　安全带 ··· 20
 3.4　检测类工器具 ·· 22
  3.4.1　风速、温湿度检测仪 ··· 22
  3.4.2　绝缘电阻检测仪 ··· 23
  3.4.3　零值绝缘子检测仪 ·· 24
 3.5　绳索类工器具 ·· 28
  3.5.1　绝缘绳 ··· 28
  3.5.2　消弧绳 ··· 29

- 3.6 滑车类工器具 ··· 30
  - 3.6.1 绝缘滑车 ··· 30
  - 3.6.2 消弧滑车 ··· 31
- 3.7 短接分流装置 ··· 32
  - 3.7.1 母线与引流线接点发热分流装置 ······························ 32
  - 3.7.2 隔离开关接点发热带电短接装置 ······························ 33

第4章 变电站带电作业典型方法 ··· 35
- 4.1 地电位作业法 ··· 35
  - 4.1.1 异物清除 ··· 36
  - 4.1.2 连接点发热处理 ··· 37
  - 4.1.3 零值绝缘子检测 ··· 39
  - 4.1.4 绝缘子水冲洗 ·· 42
  - 4.1.5 销钉螺母安装 ·· 48
  - 4.1.6 移动箱变车（平台）旁路35kV变电站负荷转带 ········ 50
- 4.2 等电位作业法 ··· 53
  - 4.2.1 带电清除母线异物 ·· 53
  - 4.2.2 耐张绝缘子引线连接点发热处理 ······························ 57
  - 4.2.3 110（66）kV软母线引流线断引 ······························ 61
  - 4.2.4 110（66）kV管母线引流线断引 ······························ 65
  - 4.2.5 更换绝缘子 ·· 71
  - 4.2.6 绝缘升降平台作业法 ··· 75
- 4.3 中间电位作业法 ·· 79
  - 4.3.1 使用绝缘升降平台安装35kV相间间隔棒 ·················· 79
  - 4.3.2 利用绝缘承载平台中间电位作业法 ·························· 82

第5章 变电站带电作业典型案例 ··· 86
- 5.1 500kV变电站带电清除异物 ·· 86
  - 5.1.1 场景简介 ··· 86
  - 5.1.2 场景要求 ··· 86
  - 5.1.3 典型作业方法选型原则及依据 ································· 87
  - 5.1.4 作业过程的关键点 ·· 87
- 5.2 带电处理连接点过热 ·· 89

  5.2.1 场景简介 …………………………………………… 89
  5.2.2 场景要求 …………………………………………… 89
  5.2.3 典型作业方法及选型依据 ………………………… 90
  5.2.4 作业过程关键点 …………………………………… 90
  5.2.5 工艺要求 …………………………………………… 90
 5.3 带电断接引流线 ………………………………………… 90
  5.3.1 场景简介 …………………………………………… 90
  5.3.2 场景要求 …………………………………………… 91
  5.3.3 典型作业方法及选型依据 ………………………… 92
  5.3.4 作业过程关键点 …………………………………… 92
  5.3.5 工艺要求 …………………………………………… 93
 5.4 带电检测绝缘子 ………………………………………… 94
  5.4.1 场景简介 …………………………………………… 94
  5.4.2 场景要求 …………………………………………… 94
  5.4.3 典型作业方法选型原则及依据 …………………… 95
  5.4.4 作业过程的关键点 ………………………………… 95
 5.5 带电更换绝缘子 ………………………………………… 96
  5.5.1 场景简介 …………………………………………… 96
  5.5.2 场景要求 …………………………………………… 96
  5.5.3 典型作业方法选型原则及依据 …………………… 97
  5.5.4 作业过程的关键点 ………………………………… 97
  5.5.5 工艺要求 …………………………………………… 100
 5.6 带电安装销钉、螺母 …………………………………… 100
  5.6.1 场景简介 …………………………………………… 100
  5.6.2 场景要求 …………………………………………… 100
  5.6.3 典型作业方法选型原则及依据 …………………… 100
  5.6.4 作业过程的关键点 ………………………………… 101
  5.6.5 工艺要求 …………………………………………… 101
 5.7 35kV变电站全站转供 ………………………………… 101
  5.7.1 场景简介 …………………………………………… 101
  5.7.2 场景要求 …………………………………………… 102

5.7.3	典型作业方法选型原则及依据	102
5.7.4	作业过程的关键点	102
5.7.5	工艺要求	103

5.8 变电站 220kV 硬管母线断接引线 ………………… 104

5.8.1	场景简介	104
5.8.2	场景要求	105
5.8.3	典型作业方法选型原则及依据	105
5.8.4	作业过程的关键点	106
5.8.5	工艺要求	106

第 1 章

变电站带电作业发展历史

变电站带电检修作业是个全球课题，国外变电站带电检修作业目前有近100个国家开展过尝试，但以美国、日本及欧洲各国发展较好，在作业工具、作业项目以及科研方面都已经形成了完善的体系。美国是带电作业开展最早的国家，目前在变电站带电作业方面主要开展变电站设备带电水冲洗作业；日本主要开展变电站设备固定式带电水冲洗作业；法国开展的变电站带电作业项目比较多，包括更换断路器、更换隔离开关支柱绝缘子、检修母线、处理接头发热等。

中国变电站带电作业始于1954年。当时供电网架单薄、设备陈旧，同时输变电设备污闪停电事故频发，需要经常停电维护检修，为解决输变电设备停电检修与工农业生产持续用电之间的矛盾，部分地区电力部门的工人和技术人员率先开展了变电设备不停电检修的探索和研究，通过带电水冲洗和带电机械清扫变电站设备表面污秽的作业方法，解决了一次设备积污严重的问题，有效降低了污秽闪络事故的发生次数，为减少停电检修时间、多发电、多供电起到一定的作用，但作业范围仅限部分水冲洗和简单的清扫作业。

中国带电作业也是先在线路开展研究，成功后逐步拓展到开发变电带电检修技术项目。以东北鞍山电业局为首，首先在66～220kV变电所研制了带电清扫等作业工具222件，项目的成功开发进一步减少了系统停电时间，为增加电网效益创造了条件。1958年，在红旗堡一次变电所进行人体直接接触220kV等电位带电导体的带电作业，从间接作业法（绝缘工具作业法）发展到直接作业法（等电位作业法）。这项技术很快被东北和全国供电单位所采用。同期，由郑代雨编著的《带电冲洗绝缘瓷瓶》由水利电力出版社出版发行。该书总结了鞍山电业局带电冲洗试验及实际操作方法，并介绍了带电冲洗的安全技术问题。书末附有鞍山电业局编写的《用水冲洗带电瓷瓶专用规程》。同时，鞍山电业局汇编的《不停电检修变电所配电装置》一书由水利电力出版社出版发行。

1970年6月，水利电力部在北京召开全国水电系统电力增产节约会议。会后水利电力部决定：由鞍山电业局派出带电作业小分队，在水电部电力司宋守田的带领下，从北京出发，先后到无锡、上海、安徽、西安、成都、自贡、贵阳、云南、新疆、呼和浩特、柳州、广州等地进行带电作业技术表演。1971年6月12日，鞍山供电局丁其源和抚顺供电局马明超受水利电力部指派，组成第二期援阿小组，赴阿尔巴尼亚传授变电站带电作业操作技术，该活动为期半年，于当年12月9日结束。

1978年1月，在水利电力部武汉高压研究所主持的国际电工委员会第78技术委员会国内第一次会议上确定了"变电站水冲洗安全性研究"的课题。1980—1983年，水利电力部生产司连续三次召开全国输变电设备带电水冲洗作业工作会议，组织有关单位开展带电水冲洗的科学试验研究工作，编制、修订带电水冲洗作业的相关标准。1984年12月，以电力科学研究院王如璋为主要起草人编写的《电气设备带电水冲洗导则（试行）》及《电气设备带电水冲洗导则编制说明》由水利电力出版社出版发行，并被列入水利电力部标准（标准号为SD 129—84）。水利电力部组织编写的《电业安全工作规程（发电厂和变电所电气部分）》（DL 408—1991），于1991年3月下发试行。1990年8月，全国带电作业标准化技术委员会讨论通过的《带电作业用小水量冲洗工具（长水柱短水枪）》（GB 14545—1993）、1991年能源部正式颁发的《电业安全工作规程（线路部分）》（DL 409—1991）和《电业安全工作规程（发电厂和变电所电气部分）》（DL 408—1991）、1992年2月10日国家技术监督局发布的《电力设备带电水冲洗规程》（GB 13395—1992）等技术标准地制定，对带电水冲洗作业的理论、冲洗设备、冲洗条件、冲洗操作方法等进行了详细的论述，使带电水冲洗作业有了统一的指导性准则。

1954年，鞍山电业局研制出鬃刷清扫机具进行带电清扫配电设备表面污秽；1983年，河南洛阳电业局利用绝缘传动部件带动毛刷旋转的原理，成功研制出带动力的电力旋转式带电清扫刷，并应用于部分省市110kV刀闸支柱绝缘子带电清扫作业，确定了带电清扫作业方式主要分为气吹作业和机械毛刷作业两种。20 世纪 80 年代末至 90 年代初，我国电网连续几年发生大面积污秽闪络停电事故，加之超高压变电设备对防污闪的要求更高，又成功研制出新颖的带电清扫机械作业机具，出现了自动清扫装置和便携式清扫机具。

1983 年，武汉电业局与湖南电力中试所、长沙电业局和湘潭电厂合作，成功研制出带电气吹的作业方法，采用压缩空气吹打绝缘子表面污秽达到清扫的目的；此后武汉供电局又研究带电气吹Ⅱ型清扫装置，采用锯末作为清扫介质，作业过程中，锯末介质经喷嘴连续喷射到绝缘子表面从而实现带电清扫的目的。1987 年 9 月下旬，水利电力部生产司下发试行的《电业安全工作规程（带电作业部分）》中首次新增了带电气吹清扫内容，并正式纳入 1991 年 3 月能源部新颁发的《电业安全工作规程（电力线路部分）》（DL 409—1991）和《电业安全工作规程（发电厂和变电所电气部分）》（DL 408—1991）中。这段时间，中国变电站带电作业主要是以清扫和水冲洗为主。

之后各地又做了大量研究与实践，不断扩展作业范围，2015 年国网冀北电力科学研究院系统开展研究 110～220kV 变电站带电作业方法，尤其是针对小间隙的相间距母线等设备进行了系统研究，对过电压、安全距离重新进行仿真校核计算，以及真型放电试验，研制出相应作业装置，解决了断接母线引线、设备退出检修、发热处理等关键问题。

通过各地开展变电设备带电作业的研究和实践，我国逐步完善了悬式绝缘子劣化、支柱绝缘子泄漏电流、红外测温、充油设备取油样等带电检测手段，开展了带电水冲洗和带电清扫设备、带电更换悬式绝缘子、带电断（接）设备引线、支柱绝缘子机械清扫、阻波器更换、带电断接引线等带电检修工作，有效解决高压隔离开关运行中触头易锈蚀、动静触头不能有效接触造成发热等实际问题。后期又研制出移动式绝缘升降平台等作业工器具，解决了在管型母线、隔离开关等设备上进行带电作业过程中间隙不足的问题，提高了变电站带电作业的安全性。

第 2 章

我国变电站带电作业技术现状

目前，我国虽然在变电站带电作业的工具、作业项目及科研方面的体系还不够完善；但经过不断发展，变电站带电作业开展的研究和作业项目均取得一定成绩，在搭拆引流线、绝缘子更换、异物清理、螺栓销钉补装、负荷转供等方面不断取得新进展。

变电站设备带电作业受变电站形式和主接线形式的影响较大。国内变电站的设计有多种形式，分别为户外变电站、户内变电站、半户内变电站、地下变电站和移动变电站；一次电气主接线基本类型又分为有母线（单母线、双母线和一个半断路器）接线和无母线（单元、桥形和角形）接线。目前一般户内变电站、半户内变电站、地下变电站和移动变电站的设备均采用GIS，基本上不具备带电作业条件，变电站带电作业目前仅限于户外变电站。户外变电站母线主要形式分为软母线和管母线，隔离开关主要分为单柱式、双柱式、三柱式三种。

变电站内的设备类型也较多，需要带电检修的工作主要有：常见缺陷（如悬垂式绝缘子劣化检测及更换、各种连接线夹发热、隔离刀闸接触点发热、构架异物等），还有一些设备及整个间隔单元新接入或退出运行更换检修工作。

户外变电站悬式绝缘子一般采用悬式瓷质绝缘子，这就需要按周期进行瓷质绝缘子的劣化检测。经多年来的不断改进，瓷质绝缘子劣化检测虽有提高，但还存在一些问题。目前，主要检测方法有带电接触式检测、非接触式检测以及停电绝缘子绝缘检测三种。劣化（零值）的绝缘子更换主要是采用与输电线路带电作业方式类似的方法，通过承力转移，用托瓶架支撑绝缘子串，进行摘卸更换作业。

户外变电站悬式绝缘子和支柱绝缘子外绝缘脏污直接影响变电站运行安全，必须及时清扫，目前清扫的主要方法是带电水冲洗和机械清扫，该方法在国内外都有采用。从20世纪50年代发展至今，我国变电站带电清扫工作已逐步形成较为完善的体系，也制定了相关标准；但从全国范围来看，带电清扫工作开展很不平衡。主要原因是受气候环境影响，南方和北方地区有很大差异，降雨量不同造成沉积污秽的程度有轻有重，设备外绝缘清扫工作有多有少，另外受温度影响，北方冰冻期长也不太适应水冲洗。2000年前后，我国科研单位研制出防污闪涂料，在北方大面积使用，随着防污闪涂料的广泛应用和喷涂，使得外绝缘清扫工作逐步减少。目前在南方温度较高地区还保留水冲洗作业。带电水冲洗作业已有一系列的标准和规范，并在全国部分地区开展，一般采用固定式和移动式带电水冲洗装置进行作业，但在实际执行环节上，受到地区环境、气候、水质条件、人员技术水平、安全因素等条件限制和制约，并未得到广泛开展，大部分作业均由社会化的专业公司进行，普及度较低，且存在一定事故风险。带电机械清扫作业由于作业方法相对简单，操作的规范性要求和装置的购置成本也比带电水冲洗作业低，对解决设备积污问题不失为一种好方法，但在清扫效果上不好掌控，在推广应用方面也还不够。北方变电站设备大部分都是涂敷了长效防污闪涂料，一般可达到8年以上，缓解了清扫问题，涂敷涂料一般是停电时大面积作业，部分设备也可带电喷涂，设计有地电位绝缘杆式喷涂装置，尤其对涂料补漏、局部污闪有征兆的设备外绝缘进行带电快速补涂涂料。

除了上述一些检测和清扫的带电作业工作外，户外变电站电气设备带电检修作业主要集中在以母线为中心的设备检修作业。设备检修的内容有所不同，造成带电检修作业所使用的工器具和作业方法也各不相同。目前，户外变电站母线主要形式分为软母线（早期）和管母线（近期），母线停电往往会带来电网事故风险。多采用带电断接母线侧隔离开关引流线方式，对待检修设备带电作业进行退出或接入的操作，消除母线停运带来的事故事件风险。当前比较常见的带电检修工作主要有两类：①带电更换或检修设备；②断（接）设备引线。其操作方法与变电站的接线形式、工作习惯、工器具的配置等密切相关。虽然在变电设备带电检修方面开展了大量的研究和实践，但是与输电线路相比较，开展作业的范围、作业的内容都相对较少。其原因主要如下：①出于对作业安全的压力和对带电作业认识的不足，一般情况下管理部门都尽可能安排停电检修或消缺；②由于变电站的接线方式要比输电线路复杂得多，电气设备布置紧凑，周围存在较多的带电设备，作业过程对安全距离和组合间隙等安全性方面的要求比较严格，限制了作业的方法和程序，作业过程的控制难度相对较大；③开展变电站带电作业对作业人员的素质和技术要求较高，而从事变电站带电作业的人员大多数是从事输电线路带电作业转来的，对变电设备和工作原理不熟悉，造成当前未开展或较少开展的局面。早期只针对软母线进行断接引线作业，其相间安全距离比较大，可以满足带电作业及人员活动的安全要求。但后期为减少占地，大量采用硬管母线设计，没有了运行风偏问题，相间距可以设计的很小，但对带电作业非常不友好，作业人员作业安全距离不足，因此很长一段时间内硬管母线变电站不能进行断接引线带电作业。2015 年后，由国网冀北电力有限公司电力科学研究院进行研究，攻克了硬管母线带电断接引线等难题，设计了专用垂直升降绝缘升降平台，使作业人员能在很小的范围内进行等电位作业，使直接带电断接硬管母线侧引线成为可能。同时完成了刀闸断口发热处理、冷备用状态下刀闸触头打磨等作业的研究。2024 年，国网冀北电力有限公司电力科学研究院又继续进行科学研究，成功研制了带电断接 220kV 硬管母线侧引线的机器人作业方法，并已做了相应的样机。

目前，全国电力系统有编制的变电站带电作业班组不多，部分单位以输电班组兼顾变电站带电作业，完成部分变电站内带电作业工作。成立专业变电站带电作业班组的国网辽宁鞍山供电公司于 1958 年成立，是第一个变电站带电作业专业班组，担负鞍山地区所有 220kV 变电站和 66kV 变电站带电检修、维护和检测任务，还承担了辽宁供电公司的变电带电应急抢修任务。延续至今，鞍山变电带电专业可进行等电位带电作业、中间电位带电作业、地电位带电作业。其中等电位可进行设备带电断接引、带电直联、变压器套管补油等 20 项作业；中间电位可进行带电拆除异物、10kV 回路间隔带电直连等 5 项作业；地电位可进行变电站构架悬式绝缘子带电检测作业、避雷器带电断接引等 3 项作业。每年可开展等电位作业 200 余次、中间电位作业 10 余次、地电位作业 300 余次。国网冀北电力有限公司检修公司于 2012 年成立变电站带电检修班组，负责省公司高压变电站带电检修工作，并将冀北电力科学研究院的变电站带电作业科研成果转化在工作中。其他各地电力公司也以不同形式组织作业人员进行部分变电站带电作业工作。

2007年，国家电网有限公司分别从总则、机构及其职责、资质和培训管理、作业及项目管理、工器具管理、技术管理和附则作出规定，制定了《国家电网公司带电作业工作管理规定（试行）》，取代了原有的《带电作业技术管理制度》，为分析带电作业工作现状、掌握带电作业工作的发展理清了工作思路。2011年6月，国家电网有限公司组织编写并由中国电力出版社出版了《带电作业操作方法 第3分册 变电站》，分别按交流和直流共8个电压等级、从带电检测、带电检修、带电断（接）引线和带电清扫（洗）四个部分进行介绍，集成了近60年来全国变电站带电作业的研究和实践成果，对指导变电站带电作业工作的开展有着重要意义，为作业人员的学习培训提供便利。2020年，由中国电力企业联合会人才评价与教育培训中心组织，郝旭东、王昆林为主编，编写了《〈带电作业人员培训与考核规范〉（T/CEC 529—2021）辅导教材 变电分册》，此教材组织了全国著名变电站带电作业专家，针对变电站带电专业人员培训和考核编写的专业教材。

2007年，辽宁带电作业基地建成220kV、66kV变电站各1座，两座变电站均采用典型设计，双母线接线，软母线连接普通中型布置，1个标准出线间隔及1个母线隔离开关间隔。可满足带电中型水冲洗、带电断接设备母线、处理设备节点发热等项目的培训要求，是国内第一个变电站带电作业培训专用实训场，目前已完成三千余人次培训取证。2016年，国网冀北电力有限公司在秦皇岛建立110kV、220kV变电站培训场地，逐步开展了变电站带电作业培训工作。2020年后，广西北海也建立了变电站培训场地，其他地区也陆续建设了变电站培训场地，为培养变电站带电作业人员奠定了基础。

变电站带电作业研究中的比较重大且比较系统研究的科研成果主要集中在2015—2018年。国网冀北电力有限公司电力科学研究院和冀北检修公司开展了"110～220kV变电站带电作业关键技术研究"科研课题研究，系统地对110～220kV典型变电站内的过电压水平、最小安全距离、组合间隙进行了仿真计算，对小间隙硬管母线放电特性进行了真型放电验证试验，确定了带电作业各种安全距离，并对带电处理隔离开关等连接件发热故障，垂直开分隔离开关处于断开冷备用状态下检修，软母线引线带电断、接引线，硬（管）母线带电断、接引线等变电站典型带电作业项目进行了研究，研制出了相应的发热短接装置、绝缘限位伞、万向导线卡线连接钳、履带式自行走垂直升降绝缘平台等相关设备和工具，并在河北省承德市 220kV 平泉变电站完成了所有作业项目的工程应用。"110～220kV 变电站带电作业关键技术研究"获 2018 年国家电网公司科技成果二等奖，此项目完成了从理论仿真计算到真型放电验证试验，以及工具和设备研制、现场工程应用的全系统研究工作，他的完成标志着我国变电站设备检修作业进入全面带电作业的时代。

  2020 年至今，南方电网云南电网有限责任公司以需求为导向，有序突破与推广应用，筑牢变电站带电作业管理基础，推进变电站带电作业规范化建设。建成一座 35～500kV 变电实操培训基地，可开展软母线引流线带电断接、硬（管）母线连接线带电断接、绝缘子带电更换、带电水冲洗等项目的培训，已常规开展变电带电检修取复证培训、变电带电水冲洗取复证培训等；持续突破与应用，已成功攻克异物清除、发热消缺、母线侧隔离开关母线侧引流线断（接）、35kV 变电站全站转供、龙门架绝缘子更换等带电作业工法，并在云南全省的推广应用；制定了《云南电网有限责任公司输变电带电作业管理业务指导书》，建立了变电带电作业省级集约化管理体系与变电带电作业培训体系，明确了变电带电作业开展的具体管理要求，推进了业务的发展；编制发布了《云南电网有限责任公司变电带电作业典型应用场景及案例》、典型变电带电作业项目的作业指导书，指导作业的安全开展。仅 2023 年，云南电网变电带电作业量已达 600 余次（不含带电水冲洗），有效化解了三级事件及以上电网风险 27 起（其中较大事故级 1 起，一般事故级 1 起，一级 3 起，二级 6 起），消除了紧急重大缺陷 18 起，保障了 7 座 110kV 及以上重要变电站设备的改造、A（B）修工作按期完成，也保障了 2 个省政府重点新能源项目的并网投运。

第 3 章

变电站带电作业常用工器具介绍

3.1 绝缘承载登高类工器具

3.1.1 绝缘人字梯

图 3-1 绝缘人字梯

1. 功能介绍

绝缘人字梯用于 35~220kV 断路器、隔离开关等变电设备的停电和带电检修作业，提供与带电作业设备高度匹配的等电位作业或中间电位作业的工作平台等。分为单节和多节两种，大多采用插接和铰接连接方式。

(1) 适用电压等级：35～220kV。

(2) 特点：组装快捷、场地适应性强、可随时移动、安全可靠。

优点：适用范围比较广，可在断路器、隔离开关、母线上使用。

缺点：随着高度增加需要打拉线以增加稳定性、需要较大地面空间。

2. 使用方法和注意事项

(1) 使用前应进行外观检查，并用干净的毛巾对其表面进行擦拭，确定外观良好后，用2500V及以上绝缘电阻测试仪分段检测其表面电阻，阻值应不低于700MΩ。

(2) 进入现场应将其放置在防潮的苫布或绝缘垫上，以防受潮或表面损伤、脏污。

(3) 根据现场电压等级和长度要求组装合适长度的绝缘人字梯，绝缘人字梯各部件应连接可靠。

(4) 摆放时应充分考虑变电站设备密集区域的空间距离，选择人员攀爬通道。

(5) 作业人员作业高度超过2m时，必须可靠系挂安全带。

(6) 使用人字梯时必须保证人字梯平稳，作业高度超过3m需要打拉线，保证人字梯起立、放倒及作业过程稳固。

(7) 人员攀登前应安排地面人员辅助扶稳平台，人员上下梯时应尽可能缩短手脚之间距离，以减少短接空气间隙。

(8) 使用中应设置人字梯张开角度限位绳，并检查是否牢固可靠。

3.1.2 绝缘挂梯

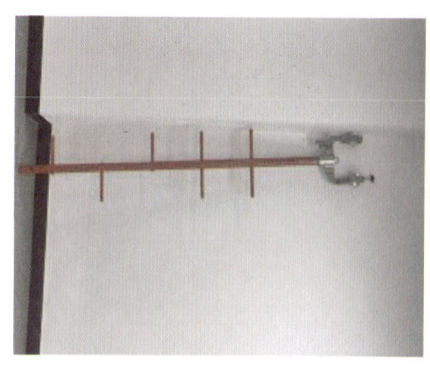 

图3-2 绝缘挂梯

1. 功能介绍

绝缘挂梯（又称蜈蚣梯）用于 35～220kV 互感器、断路器、隔离开关、母线等变电设备的停电和带电检修作业，提供与带电作业设备高度匹配的等电位作业的工位或作为检修工作平台等。由多节组成，大多采用插接和铰接连接方式。

（1）适用电压等级：35～220kV。

（2）特点：组装快捷、移动方便、安全可靠，可在互感器、断路器、隔离开关、母线上使用。

优点：适用范围比较广，地面电工可以通过调整绝缘梯改变角度、位置控制进入电场途径，增大等电位电工作业中组合间隙。

缺点：仅适用于可承重的设备（例如软母线），且需要一名作业人员控制梯子尾部，增加作业人数。

2. 使用方法和注意事项

（1）使用前应进行外观检查，并用干净的毛巾对其表面进行擦拭，确定外观良好后，用 2500V 及以上绝缘电阻测试仪分段检测其表面电阻，阻值应不低于 700MΩ。

（2）进入现场应将其放置在防潮的苫布或绝缘垫上，以防受潮或表面损伤、脏污。

（3）根据现场电压等级和长度要求组装合适长度的绝缘挂梯，绝缘挂梯各部件应连接可靠。

（4）摆放时应充分考虑变电站设备密集区域的空间距离，通过梯尾控制人员保证攀爬通道安全。

（5）作业人员作业高度超过 2m 时，必须可靠系挂安全带。

（6）人员攀登时梯尾部由专人控制，人员上下梯时应尽可能缩短手脚之间距离，以减少短接空气间隙。

3.1.3 绝缘软梯

1. 功能介绍

绝缘软梯由绝缘软梯金属头架与绝缘软梯蹬组成，用于 110（66）～220kV 架空导线等变电设备带电作业，提供作业人员利用绝缘软梯作为主绝缘由地面垂直沿绝缘软梯进、出等电位实施作业的一种工器具。

图 3-3 绝缘软梯

(1) 适用电压等级：110（66）～220kV。

(2) 特点：不受长度限制，软梯可以伸展到所需长度，适合不同高度的作业；绝缘软梯材质柔软，便于携带和存储。

优点：便于携带，简单易学。

缺点：作业位置正下方场地平整、无跨越物；作业点对地高度满足等电位进出电场组合间隙要求；扣除人体活动范围，相间、相地安全距离需满足相关规定要求。

2. 使用方法和注意事项

(1) 作业前应对作业工器具进行检查，工器具应外观良好，无破损无裂纹，并在试验有效期内，利用 2500V 及以上绝缘电阻仪检查绝缘工器具，绝缘工器具绝缘电阻应大于 700MΩ。

(2) 进入现场应将其放置在防潮的苫布或绝缘垫上，以防受潮或表面损伤、脏污。

(3) 根据现场电压等级和长度要求选择适合长度的绝缘软梯，悬挂软梯前应充分考虑变电站设备密集区域的空间距离，选择人员攀爬通道。

(4) 悬挂软梯时应使用"翻斗滑车"，不得直接用绝缘绳在导线上"拖拽"。绝缘软梯应牢固悬挂，梯头架要有自锁功能，防止绝缘软梯头架脱离母线造成人身事故的发生。

（5）人员沿绝缘软梯进、出电场时等电位电工保持对应电压等级的组合间隙，沿绝缘软梯进入强电场，到达离导线一定距离（大于300mm或400mm）时停下向工作负责人申请进入强电场，得到许可后快速抓握导线进入电场（出电场顺序相反）。

（6）登软梯过程中必须使用人身后备保护绳进行保护，到达作业位置后应将软梯头闭锁。

（7）使用绝缘软梯前应检查主绳是否有磨损或破损，绝缘软梯主绳挂钩圈连接处是否有松动或脱节，梯蹬绳与主绳连接处是否有磨损或破损。若发现有磨损、破损、松动、脱节等异常状况，应禁止使用。

3.1.4 履带式自行走绝缘升降平台

图 3-4 履带式自行走绝缘升降平台

1. 功能介绍

履带式自行走绝缘升降平台适用于220kV及以下变电站硬管母线、软母线、断路器、隔离开关等变电设备的停电和带电检修作业，为不同高度设备提供等电位作业或中间电位作业的检修工作平台。

（1）适用电压等级：10～220kV。

（2）特点：具有绝缘性好、自行装卸、自行走、电动垂直升降等功能。

优点：降低了人员劳动强度，提高了工作效率。通过自带绝缘挡板限制作业人员活动范围，可提高带电作业安全性。

缺点：不适合地面不平整或设备间距小的环境开展作业。

2. 使用方法和注意事项

（1）使用工具前，应仔细检查确认有无损坏、受潮、变形、失灵等情况，否则禁止使用。

（2）作业前，使用2500V及以上绝缘电阻测试仪对绝缘升降部分进行分段绝缘检测，其阻值不得低于700MΩ，否则禁止使用。同时，平台应停放在适合作业的平整地面，支腿尽量展开。

（3）使用前，确保电池电量充足，若作业过程中出现电量短缺，可使用220V电源供电。

（4）地面人员严禁在作业点垂直下方逗留，高空人员应防止落物伤人。

（5）作业人员应在围栏内作业，不得随意跨越围栏。

（6）升降过程中需要保证上方移动平台在中心位置。

（7）平台升起后不能进行行走操作。

3.1.5 绝缘斗臂车

图 3-5 绝缘斗臂车

1. 功能介绍

绝缘斗臂车用于10～220kV互感器、断路器、隔离开关、母线等变电设备的停电和带电检修作业,为不同高度设备提供地电位或等电位作业的高空作业车。斗臂车有折叠臂、伸缩臂、混合臂三种车型。

(1) 适用电压等级:10～220kV。

(2) 优点:降低了人员劳动强度,提高了工作效率。

缺点:受地形影响较大,大部分只能在边相开展作业。110(66)kV及以上电压等级绝缘斗臂车多配备等电位均压环,且绝缘臂活动占据空间较大,因此,不适合在间隔狭小的设备上开展作业。

2. 使用方法和注意事项

(1) 绝缘斗臂车在使用前应空斗试操作1次,确认液压传动、回转、升降、伸缩系统工作正常,操作灵活,制动装置可靠。

(2) 绝缘斗臂车的工作位置应选择适当,支撑应稳固可靠,并有防倾覆措施。

(3) 在斗臂车绝缘臂无法完全伸出或额定电压小于作业电压时,必须在斗臂车上依据地电位绝缘杆法技术要求开展作业。人体与带电体保持大于《电力安全工作规程 电力线路部分》(GB 26859—2011)要求的安全距离(10kV不小于0.4m、35kV不小于0.6m、66kV不小于0.7m、110kV不小于1.0m、220kV不小于1.8m)。绝缘杆有效绝缘长度大于《电力安全工作规程 电力线路部分》(GB 26859—2011)的要求(10kV不小于0.7m、35kV不小于0.9m、66kV不小于1.0m、110kV不小于1.3m、220kV不小于2.1m)。

(4) 绝缘臂下节的金属部分,在仰起回转过程中,对带电体的距离应大于《国家电网公司电力安全工作规程(变电部分)》(Q/GDW 1799.1—2013)要求(10kV不小于0.9m、35kV不小于1.1m、66kV不小于1.2m、110kV不小于1.5m、220kV不小于2.3m)。工作中车体应良好接地。

(5) 地形条件允许时可采用斗臂车在110(66)kV及以上电压等级等电位作业,斗臂车的额定电压等级必须大于等于设备额定电压。绝缘臂的最小有效绝缘长度大于《国家电网公司电力安全工作规程(变电部分)》(Q/GDW 1799.1—2013)的要求(35kV不小于1.5m、66kV不小于1.5m、110kV不小于2.0m、220kV不小于3.0m);人体与接地体保持大于《国家电网公司电力安全工作规程(变电部分)》(Q/GDW 1799.1—2013)要求的安全距离

(35kV 不小于 0.6m、66kV 不小于 0.7m、110kV 不小于 1.0m、220kV 不小于 1.8m)。人体与相邻带电体保持大于《国家电网公司电力安全工作规程（变电部分）》（Q/GDW 1799.1—2013）要求的安全距离（35kV 不小于 0.8m、66kV 不小于 0.9m、110kV 不小于 1.4m、220kV 不小于 2.5m）。

3.2 操作类工器具

3.2.1 绝缘操作杆

图 3-6 绝缘操作杆

1. 功能介绍

绝缘操作杆是带电作业人员在开展间接带电作业（地电位或中间电位）的辅助操作工具，分为插接（螺纹连接）直连式和伸缩式两种。根据现场作业需求，可在绝缘操作杆端部安装不同的工具实现不同的检修功能。

（1）适用电压等级：10～500kV。

（2）特点：重量轻、携带方便、调节灵活，可与多种不同功能的工具配套使用。

优点：适用范围比较广，可在线路杆塔、避雷器、断路器、隔离开关等设备上使用。

缺点：操作杆长度随着操作距离的增加，使得操作难度也相应增加，一般在 330kV 及以下设备上使用较为广泛。

2. 使用方法和注意事项

（1）进入现场应将其放置在防潮的苫布或绝缘垫上，以防受潮或表面损伤、脏污。

（2）使用前，应进行外观检查，并用干净的毛巾对其表面进行擦拭，确定外观良好后，用 2500V 及以上绝缘电阻测试仪分段检测其表面电阻，阻值应不低于 700MΩ。

（3）作业时，绝缘操作杆的有效绝缘长度应满足《电力安全工作规程 电力线路部分》（GB 26859—2011）的要求。

（4）插接（螺纹连接）直连式绝缘操作杆使用前应将每节的连接点锁紧，避免使用过程中松脱；伸缩式绝缘操作杆，使用前每节均应抽出到指定位置，限位卡扣应完全回弹到位，避免使用过程中脱落。

（5）使用过程中，应避免在金属构件上拖动，防止绝缘漆损伤后加速绝缘老化。

3.2.2 绝缘清扫操作工具

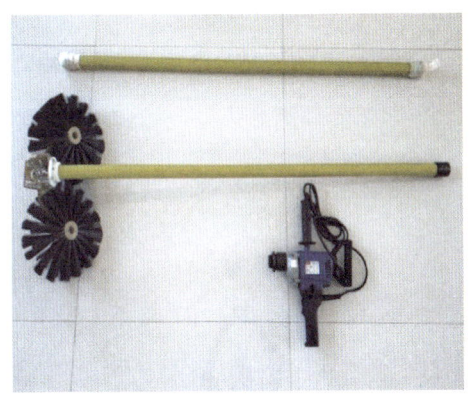

图 3-7 绝缘清扫操作工具

1. 功能介绍

使用不同刷头（由绝缘、耐磨、耐高温的材料制成），配以不同结构形式的绝缘杆，由电机提供动力使刷头高速旋转对电气设备外绝缘进行带电清扫的工具。对电气设备（如套管、刀闸、支柱瓷瓶、电压互感器、电流互感器、断路器、避雷器、耦合电容器、悬式绝缘子等），瓷及玻璃外绝缘的带电机械干清扫作业，相间、相地安全距离应满足对应电压等级的规定要求。

（1）适用电压等级：交流额定电压 35～220kV。

（2）特点：使用不同刷头（由绝缘耐磨、耐高温的材料制成），配以不同的绝缘杆,由电机提供动力进行带电清扫电气设备外绝缘表面污秽的工作。

2. 使用方法和注意事项

(1) 搬运绝缘清扫操作工具的零部件进入清扫现场时,应注意任何部件的高度不应超过现场设备安装构架的高度,在清扫作业转换过程中,应注意安全,绝缘清扫操作工具绝缘杆部件不能碰到现场运行设备。

(2) 进入带电清扫作业现场后,将清扫机零部件整齐摆放在清洁的大帆布上,检查清扫机各部件的具体状况:清扫机械工况(电机、软轴、传动部件、毛刷盘)应完好,绝缘部件无变形、脏污和损伤,干燥包未受潮。用清洁、干燥的棉布擦净绝缘杆的表面。

(3) 使用前,应进行外观检查,并用干净的毛巾对其绝缘杆外表面进行擦拭,确定外观良好后,用 2500V 及以上绝缘电阻测试仪分段检测其表面电阻,阻值应不低于 700MΩ。

(4) 绝缘清扫操作工具就位后,应首先将清扫机的金属外壳可靠接地,然后再进行其他操作。

(5) 连接组装清扫机,连接电源,并检查高速毛刷转向。

(6) 机具检查合格后开始清扫作业;作业时,作业人员宜站在上风侧位置进行。

(7) 采用绝缘清扫操作工具进行带电作业,操作人员双手应始终握持在操作杆保护环以下的部位。

(8) 在休息、暂停清扫作业时,绝缘清扫操作工具应安放在清洁的帆布上,以防污染和损伤主绝缘部件。禁止踩踏绝缘杆部件。

(9) 清扫作业全部结束后,先断开电源,按与连接组装顺序相反的步骤拆卸各部件。

(10) 清理作业现场后,清扫机具及作业人员全部退出设备区,结束工作。

3.3 防护类工器具

3.3.1 屏蔽服

1. 功能介绍

屏蔽服又称等电位均压服,是采用均匀的导体材料和纤维材料制成的,用于输变电带电作业工作中等电位作业人员穿戴的防护服装。其作用是在穿

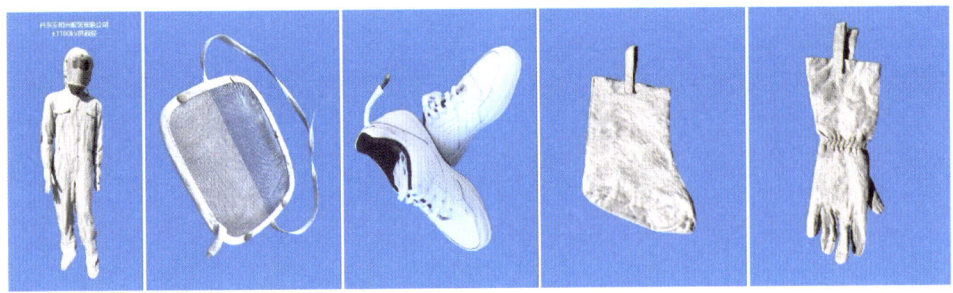

图 3-8 屏蔽服

戴后,使处于高压电场中的人体外表面各部位形成一个等电位屏蔽面,从而防护人体免受高压电场及电磁波的危害。

(1) 适用电压等级:Ⅰ型屏蔽服装用于交流 110(66)~500kV、直流 ±50~±500kV 电压等级的带电作业,Ⅱ型屏蔽服装用于交流 1000kV 及以下、直流 ±1100kV 及以下电压等级的带电作业。

(2) 特点:等电位屏蔽、旁路电流、均压,代替电位转移线、材料特殊以及穿着要求严格等,这些特点共同确保了作业人员在高压电场中的安全。

优点:电场屏蔽性能高效、一定的阻燃性能、良好的耐折性、弹性、耐腐蚀性和通流容量大。

缺点:成本较高、穿着不便、透气性差。

2. 使用方法和注意事项

(1) 在使用前必须确保屏蔽服的类型适合所施行作业的线路或设备的电压等级。

(2) 在穿戴前,应详细检查屏蔽服的外观质量,确认无钩挂、破洞、折损处。如发现任何缺损便不能使用,如有尘土,应清除干净。

(3) 穿戴时,必须将衣服与帽、手套、袜、鞋等各部分的多股金属连接线按规定次序连接好,但不能与皮肤直接接触,屏蔽服内应按规定穿阻燃内衣。工作服不得用合成纤维织物,以防电弧火花熔融,粘附皮肤而扩大烧烫面积,加重伤情。冬季时,屏蔽服应穿在棉衣外面。

(4) 戴屏蔽帽时,应尽量让帽檐不上翘,以尽可能多地屏蔽脸部。

(5) 进行等电位作业时,应严格按照《国家电网公司电力安全工作规程(变电部分)》(Q/GDW 1799.1—2013) 规定,严禁通过屏蔽服断接接地电流、空载线路和耦合电容器的电容电流。

(6) 在使用过程中,应确保屏蔽服保持完整,避免挤压造成断丝。

(7) 屏蔽服使用后必须妥善保管,最好挂在衣架上,保持干燥清洁,尽量减少折叠、摩擦,不与污染物质和水汽接触,以免损坏,影响性能。

(8) 使用屏蔽服之前,应用万用表和专用电极认真测算整套屏蔽服最远端点之间的电阻值,其数值应不大于 20Ω。

(9) 定期对屏蔽服进行电阻试验及屏蔽服效率试验,以确保其安全性能。

(10) 带电作业用屏蔽服装应符合相关标准和规定,如《带电作业用屏蔽服装》(GB/T 6568—2008) 和《1000kV 交流带电作业用屏蔽服装》(GB/T 3842—2017)。

3.3.2 安全带

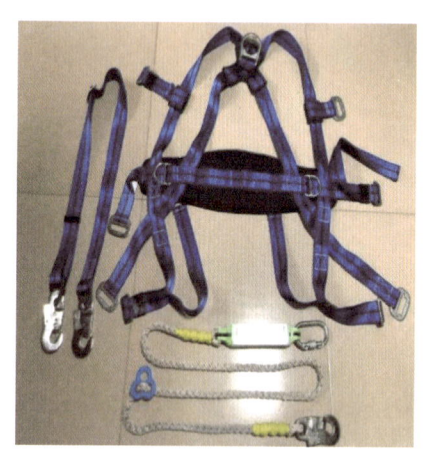

图 3-9 安全带

1. 功能介绍

安全带是高处作业人员预防坠落伤亡的防护用品,又称五点式安全带。《坠落防护 安全带》(GB 6095—2021) 规定,安全带材质需使用涤纶及更高强度的织带加工而成的。一般由带体、安全配绳、缓冲包和金属配件组成。

(1) 适用电压等级:110(66)~1000kV。

(2) 优点:强度大、耐磨、耐用、耐霉烂、耐酸碱、安全适用。

缺点:穿戴相对复杂、有使用限制,需要定期检查维护。

2. 使用方法和注意事项

(1) 穿戴过程中,先解开胸带、腿带和腰带上的带扣,再抓住背部 D 型环,摇动安全带,让所有的带子都复位;从肩带处提起安全带,将安全带穿在肩部,扣好腿带、腰带和胸带;调节安全带到合适位置,如图 3-10 所示。

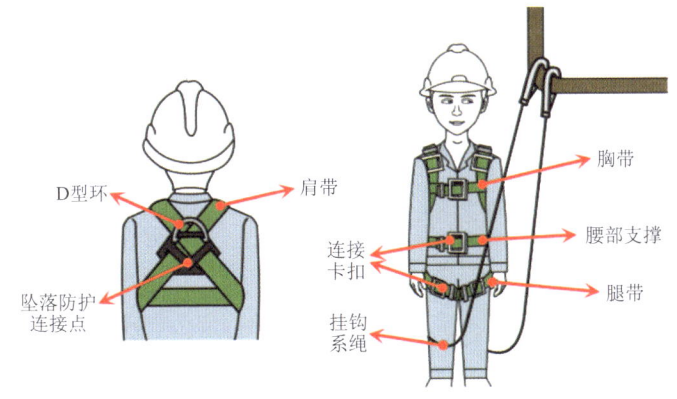

图 3-10 安全带的正确穿法

(2) 每次使用安全带时,应查看标牌及合格证,检查尼龙带有无裂纹,缝线处是否牢靠,金属件有无缺少、裂纹及锈蚀情况,安全绳应挂在连接环上使用。

(3) 安全带应高挂低用,并防止摆动、碰撞,避开尖锐物质,不能接触明火。

(4) 作业时应将安全带的钩、环牢固地挂在系留点上。

(5) 在低温环境中使用安全带时,要注意防止安全带变硬割裂。

(6) 不能将安全带打结使用,以免发生冲击时安全绳从打结处断开。应将安全挂钩挂在连接环上,不能直接挂在安全绳上,以免发生坠落时安全绳被割断。

(7) 安全带使用两年后,应按批量购入情况进行抽检,做静负荷试验、冲击试验。

(8) 安全带应贮藏在干燥、通风的仓库内,不准接触高温、明火、强酸、强碱和尖利的硬物,也不要暴晒。搬动时不能用带钩刺的工具,运输过程中要防止日晒雨淋。

(9) 安全带应该经常保洁,可放入温水中用肥皂水轻擦,然后用清水漂净、晾干。

（10）安全带上的各种部件不得任意拆除。更换新件时，应选择合格的配件。

（11）安全带使用期限为3~5年，发现异常应提前报废。在使用过程中，应注意查看，半年至1年内要试验1次。以主部件不损坏为标准，如发现有破损、变质情况须及时反映，并停止使用，以保障操作安全。

3.4 检测类工器具

3.4.1 风速、温湿度检测仪

1. 功能介绍

风速、温湿度测量与显示：能够准确测量并实时显示当前环境的风速、温度、湿度，帮助作业人员了解环境状况。

数据记录与分析：具备数据记录功能，可将测量数据保存。

超限显示：当现场风速、温湿度超过规程要求时，检测仪显示的数据会帮助作业人员对现场气象条件进行判别。

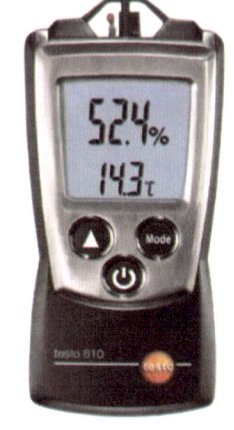

图3-11 风速、温湿度检测仪

2. 使用方法和注意事项

使用方法：

（1）打开检测仪：通过开关按钮启动检测仪。

（2）等待稳定：让检测仪适应环境，等待几分钟直至稳定。

（3）测量风速、温湿度：将检测仪器置于测量位置，等待显示当前风速、温湿度。

（4）记录数据：工作负责人根据显示结果记录数据。

（5）关闭检测仪：使用完毕后关闭检测仪。

注意事项：

（1）电量管理：电量不足时请及时更换电池，以免影响测量精度。

（2）环境选择：不要将风速、温湿度检测仪放置在高温、高湿环境下，以免影响仪器寿命。

(3) 清洁维护：严禁用任何溶剂清洗，以免对设备本体造成损坏。

3.4.2 绝缘电阻检测仪

图 3-12 绝缘电阻检测仪

1. 功能介绍

绝缘电阻检测仪主要用于测量绝缘工器具表面绝缘电阻，能通过电子显示方式直观展示测量结果。

2. 使用方法和注意事项

使用方法：

（1）检查仪器是否完好，包括外观是否有损坏，连接线是否正常，电源是否接通。

（2）将绝缘电阻检测仪的连接线分别连接到 2cm×2cm 间隙电极板。

（3）旋转仪器挡位至测试电压 5000V，长按 test 键至仪表显示电压 5000V。

（4）作业人员操作 2cm×2cm 间隙电极板，需佩戴绝缘手套。

（5）作业人员操作 2cm×2cm 间隙电极板，放置于绝缘工器具表面，开展绝缘工器具分段绝缘电阻检测。

注意事项：

（1）使用绝缘电阻检测仪前，需检查是否在试验有效期内。

（2）绝缘电阻检测仪升压后，需进行短路试验，将连接好的 2cm×2cm 间隙电极板搭接在金属上，仪表盘电压归零即为正常。

（3）绝缘工器具测试完成后，关闭绝缘电阻测试仪，对地进行放电，消除多余电荷。

3.4.3 零值绝缘子检测仪

3.4.3.1 火花间隙装置

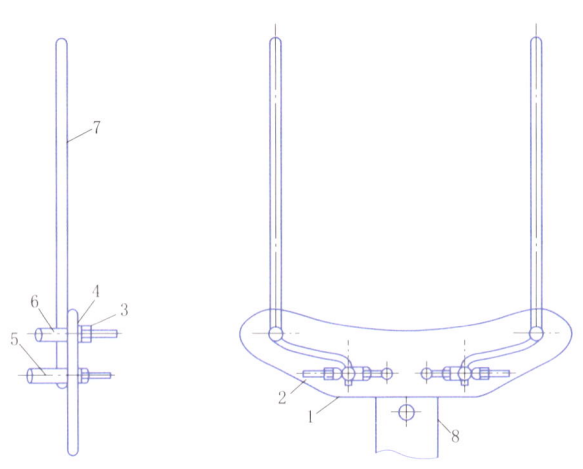

图 3-13 火花间隙装置

1—支撑板；2—火花电极；3—调整螺母；4—垫圈；5—电极、接触电极固定架；
6—接触电极（探针）固定架；7—接触电极；8—连接头

1. 功能介绍

火花间隙是用于听取放电声而设计的球球、棒棒、针针的间隙。这个间隙受空气湿度、气压等天气因素影响。带电检测绝缘子过程中，作业现场需根据参照放电数值做适当调整才能得到理想的放电声，从有无放电声间接判断绝缘子绝缘性能。

使用火花间隙检测法测量瓷质绝缘子是检验瓷质绝缘子优劣简便快捷的方法，它能利用放电声响进行判断，适用于 35～500kV 所有瓷质绝缘子的带电检测。直流线路不能采用火花间隙法带电检测直流线路绝缘子。

（1）适用电压等级：35～500kV。

（2）特点：间隙调节简单、使用方便、检测快捷、安全可靠。

优点：适用范围比较广，可在输电线路杆塔、变电站构架上使用。

缺点：使用火花间隙法带电测量零值绝缘子时，不能准确测出绝缘子电阻的数值，且易造成误判。

2. 使用方法和注意事项

(1) 使用前，应对配套使用的绝缘操作杆进行外观检查、试验有效期检查，并用干净的毛巾对其表面进行擦拭，确定外观良好后，用 2500V 及以上绝缘电阻测试仪分段检测其表面电阻，阻值应不低于 700MΩ。

(2) 检测前，应对检测器进行检测，保证操作灵活、测量准确。

(3) 进入现场应将其放置在防潮的苫布或绝缘垫上，以防受潮或表面损伤、脏污。

(4) 检测应按照从导线侧至横担侧逐片进行。

(5) 针式绝缘子及少于 3 片的悬式绝缘子不应使用火花间隙检测装置进行检测。

(6) 检测 35kV 及以上电压等级的绝缘子串时，当发现同一串中的零值绝缘子片数达到《国家电网公司电力安全工作规程（变电部分）》（Q/GDW 1799.1—2013）规定片数时，应立即停止检测。

(7) 检测应在干燥天气进行。

(8) 采用火花间隙检测装置带电检测时，应充分考虑高海拔地区气候环境、间隙放电海拔高度修正、杆塔机械强度、作业人员身体条件等因素的影响。

(9) 带电检测过程中若遇天气突然变化，有可能危及人身或设备安全时，应立即停止工作。

3.4.3.2 电压分布检测仪

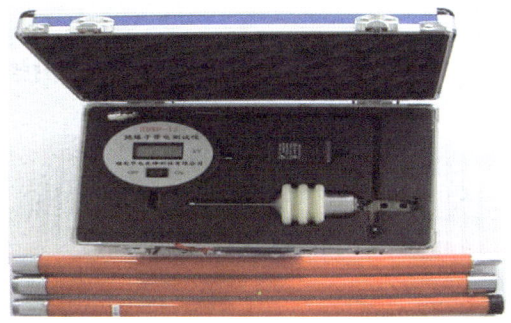

图 3-14 电压分布检测仪

1. 功能介绍

电压分布检测仪是用于检测绝缘子串上单片绝缘子电压数值的仪表。在带电检测绝缘子过程中，通过对比标准电压参照值或相邻绝缘子电压差值来判断绝缘子绝缘性能。

电压分布测量仪器适用于 35～500kV 变电站内瓷质绝缘子串的带电检测工作。与火花间隙检测法相同，电压分布检测法是一种传统的绝缘带电检测方法，其利用劣化绝缘子的绝缘电阻降低，分担电压降低的特点进行检测，属于接触测量，通过检测绝缘子分布电压与标准对比、相邻片对比电压的变化，掌握其绝缘状况。

（1）适用电压等级：35～500kV。

（2）特点：使用方便、检测准确、安全可靠。

优点：适用范围比较广，可在输电线路杆塔、变电站构架上使用，电压分布检测仪具备高电压保护功能，其探头能准确测量绝缘子串分布电压，在强电场环境不影响测试结果。

缺点：使用电压分布检测仪带电测量零值绝缘子需要通过绝缘子分布电压与标准电压对比、相邻片电压对比的变化，才能进行判断。

2. 使用方法和注意事项

（1）使用前，应对配套使用的绝缘操作杆进行外观检查、试验有效期检查，并用干净的毛巾对其表面进行擦拭，确定外观良好后，用 2500V 及以上绝缘电阻测试仪分段检测其表面电阻，阻值应不低于 700MΩ。

（2）测量应在干燥天气下进行。

（3）测量时应先从导线侧往横担侧测量。

（4）操作杆有效绝缘长度满足要求。

（5）测量时应使探针可靠接触绝缘子上下绝缘子钢帽，保证仪器两次测量数值一致，方可记录。

（6）仪器进入电场会显示数值，此数据不会影响测值。

（7）操作时应防止电子仪器引线下垂短接绝缘子串。

（8）同一串绝缘子中，良好绝缘子片数少于《国家电网公司电力安全工作规程（变电部分）》(Q/GDW 1799.1—2013) 规定时，立即停止检测。

3.4.3.3 红外热像仪

1. 功能介绍

红外成像检测法为非接触式检测，通过红外热成像是获取绝缘子表面温度。可以在较大湿度时进行，但应考虑湿度、距离、风速等相关补偿。红外热像仪适用于绝缘子投运后的带电测量，对拍摄对象的环境要求较高。

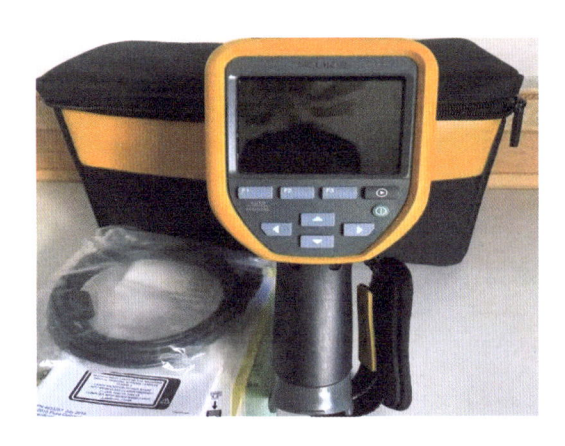

图 3-15 红外热像仪

(1) 适用电压等级：35～500kV。

(2) 特点：不受高压电磁场的干扰，检测成本低、安全性高、实用性强、检测准确。

优点：适用范围比较广，可在输电线路杆塔、变电站构架上使用。

缺点：对拍摄对象的环境要求较高。

2. 使用方法和注意事项

(1) 红外热像仪检测绝缘子时，应尽量选择在日落后、日出前或阴天（多云天）进行。

(2) 红外热像仪检测绝缘子时应将目标部位充满仪器视场。

(3) 选择无雨雾雪天气进行检测。

(4) 选择无风（风速 0.1m/s，最好小于或等于 0.05m/s）的天气做检测。

(5) 最大风力不超过 3 级，难以满足上述条件时，需对检测结果做风速修正。

(6) 在保证安全距离的条件下，尽量缩小检测距离；否则，应对检测结果进行合理的距离修正。

(7) 避开环境温度过高或过低的极端时间段进行检测。

(8) 选择正确的环境温度参照体。检测时应选择正常温度的同类设备表面温度来采集环境温度参数。

(9) 尽量安排在空气干燥、清洁的季节（如春、秋季）进行红外热成像检测，且湿度不宜超过 85%。当检测距离很近时，空气湿度要求可稍微放宽至 90%。

（10）进行绝缘子红外热成像检测时，应考虑周围热源的影响，选择适宜的测试角度和距离。

（11）在检测之前，首先根据被测绝缘子的表面状况确定绝缘子表面的发射率值，以备检测中用作发射率修正；或利用发射率值对检测结果进行修正处理。

3.5 绳索类工器具

3.5.1 绝缘绳

图 3-16 绝缘绳

1. 功能介绍

绝缘绳适用于 10kV 及以上电气设备上进行带电作业，主要用于带电作业过程中工器具传递、作业人员安全保护、导线固定提升等。根据材料来划分，绝缘绳索分为天然纤维绝缘绳索和合成纤维绝缘绳索。根据在潮湿状态下的电气性能来划分，绝缘绳索分为常规型绝缘绳索和防潮型绝缘绳索。根据机械强度来划分，绝缘绳索分为常规强度绝缘绳索和高强度绝缘绳索。根据编织工艺来划分，绝缘绳索分为编织绝缘绳索、绞制绝缘绳索和套织绝缘绳索。

（1）适用电压等级：10~1000kV。

（2）特点：具有阻燃、绝缘性好、强度高、重量轻、易携带等特点。防潮绝缘绳还具备防潮功能，可短时用于小雨天或湿度较大情况下的带电作业。

2. 使用方法和注意事项

（1）使用前，应仔细检查确认绝缘绳没有损坏、沾污、受潮、断股等情况，否则禁止使用。

（2）作业前，应用 2500V 及以上绝缘电阻测试仪分段检测其表面电阻，其阻值不得低于 700MΩ，否则禁止使用。

3.5.2 消弧绳

1. 功能介绍

在变电站带电断、接空载线路时，消弧绳起灭弧、分流作用。消弧绳由蚕丝线分两层编织而成，里层为直径 6～8mm 的芯索，外层用 15 股 φ2mm 的股绳编织至端部 1～1.2m 处，由多股铜丝股绳接续编织而成，铜丝股绳的总截面不得小于 25mm²。

消弧绳端部软铜线与绝缘绳的结合部分长度应不大于 200mm，绝缘部分与导线部分的分界处要有明显标志。消弧绳的端部要有防止铜线散股措施。

适用电压等级：35～220kV。

图 3-17 消弧绳

2. 使用方法和注意事项

（1）使用前对其进行外观检查，每股绝缘绳索及每股线均应紧密绞合，不得有松散、分股的现象。绝缘绳索表面应无油渍、污迹等，确定外观良好后，用 2500V 及以上绝缘电阻测试仪分段检测其表面电阻，阻值应不低于 700MΩ。

（2）进入现场应将其放置在防潮的苫布或绝缘垫上，以防受潮或表面损伤、脏污。

（3）应用万用表表笔插入消弧绳内部，寻找绝缘部分与导线部分的分界处，并作出明显标志。

（4）消弧绳与消弧滑车应可靠连接。

（5）消弧绳应避免长期阳光直射，避免接触油脂、乙醇、强酸、强碱。

（6）潮湿的消弧绳要进行干燥处理，禁止储存在热源附近。

3.6 滑车类工器具

3.6.1 绝缘滑车

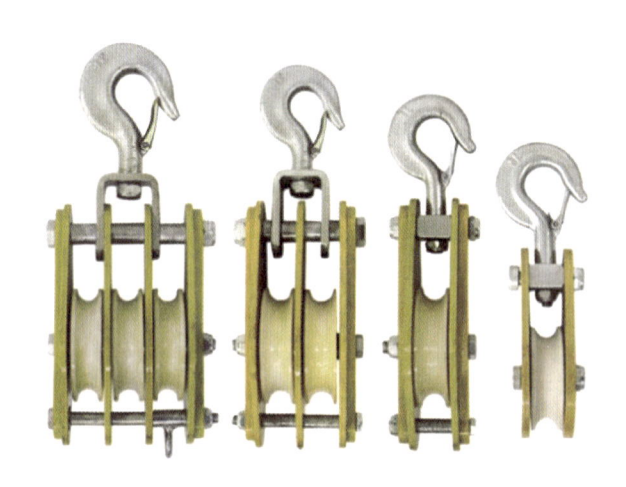

图 3-18 绝缘滑车

1. 功能介绍

绝缘滑车是带电作业中的一种重要起重工具，结构简单，使用方便，可以改变滑车牵引用绝缘绳方向，用于提升或移动物体，广泛用于输、配、变带电作业工作中用于起吊工器具及材料。绝缘滑车滑轮的数量根据负载来确定，可分为单轮、双轮、三轮、四轮。

(1) 适用电压等级：0.4～1000kV。

(2) 特点：

1) 广泛用于带电作业中传递工器具、起吊绝缘子串及导线、牵引等。

2) 重量相对较轻，便于携带。

3) 可灵活改变绝缘绳的方向。

2. 使用方法和注意事项

(1) 使用前，应进行外观检查，滑轮在中轴上转动灵活，无卡阻和碰擦轮缘现象，吊钩、吊环在吊梁上转动灵活，并用干净的毛巾对其表面进行擦拭，确保外观干净、良好。

(2) 进入现场应将其放置在防潮的苫布或绝缘垫上，以防受潮或表面损伤、脏污。

（3）根据现场荷载要求选择绝缘滑车型号，在使用过程中严禁超过滑车的额定荷载，严禁使用带有割裂、断裂或者变形损坏的绝缘滑车。

（4）悬挂时配合绝缘绳使用或配置专用挂钩挂于角钢上。

（5）滑轮摆动角度应小于30°，如果大于30°，应调整使用位置。

（6）应对绝缘滑车进行定期保养，尽量避免阳光暴晒和雨淋，以防老化破损。

（7）各种型号的绝缘滑车的破坏拉力不得小于3倍的额定荷载。

（8）侧板开口在90°范围内无卡阻现象。

3.6.2 消弧滑车

图 3-19 软母线消弧滑车　　图 3-20 管母线消弧滑车

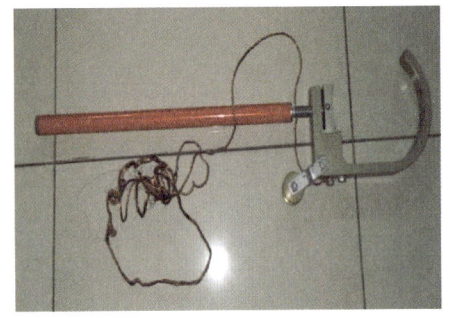

1. 功能介绍

消弧滑车是带电断、接设备引流线作业时的专用工具之一，与带有一段铜导线的绝缘消弧绳组合，通过拉动消弧绳实现带电体与绝缘体的平稳过渡来达到消弧的目的。

（1）适用电压等级：35～220kV。

（2）特点：

1）广泛用于输、变电带电作业断、接引线作业中配合消弧绳使用，达到消弧的目的。

2）轻便灵活，便于携带，规格多样，使用范围广泛。

3）可灵活改变绝缘绳的方向。

2. 使用方法和注意事项

（1）使用前，应进行外观检查，金属滑轮在中轴上转动灵活，无卡阻和碰擦轮缘现象，吊钩、吊环在吊梁上转动灵活，并用干净的毛巾对其表面进行擦拭，确保外观干净、良好。

（2）进入现场应将其放置在防潮的苫布或绝缘垫上，以防受潮或表面损伤、脏污。

（3）悬挂在导线上时挂钩应可靠固定。

（4）滑轮摆动角度应小于30°，如果大于30°，应调整使用位置。

（5）各种型号的消弧滑车的破坏拉力不得小于3倍的额定荷载。

（6）轮槽与消弧绳接触良好。

（7）用消弧滑车断、接引线时，作业人员与断、接点保持4m以上安全距离，并佩戴护目眼镜。

（8）断、接引线之前，线路终端开关或刀闸必须断开，形成空载线路。

（9）消弧滑车必须在电源侧进行，已断开的无电压引线必须先接地，禁止徒手接触。

3.7 短接分流装置

3.7.1 母线与引流线接点发热分流装置

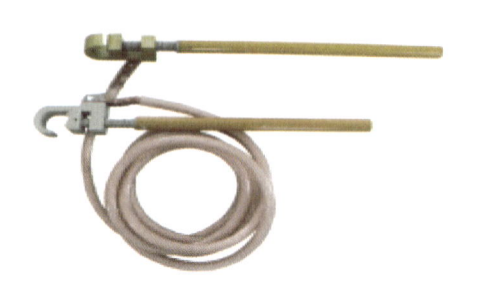

图3-21 软母线接点发热分流装置

1. 功能介绍

母线与引流线接点发热分流装置用于母线或引流线的接点发热处理。由接引线夹、带护套软铜线组成。在设备接点发热时，用绝缘引流线将设备短接分流。

（1）适用电压等级：35～500kV。

（2）特点：组装快捷、操作速度快、安全可靠。

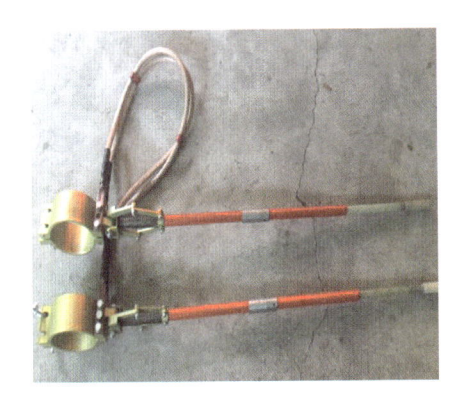

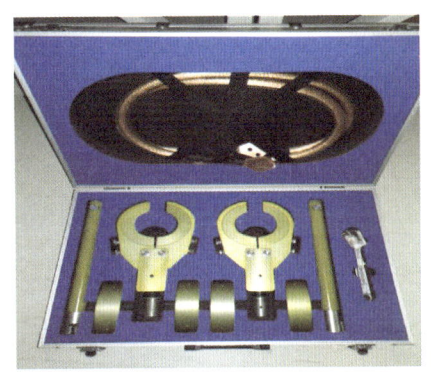

图 3-22 管母线接点发热短接装置

优点：可以对设备接点发热部位进行短接分流，将发热部位温度降至正常运行温度。

缺点：只能起到临时短接分流作用，不能永久使用。

2. 使用方法和注意事项

（1）使用前，应对其进行外观检查，检查线夹有无损坏、卡滞，软铜线有无断股等，确定外观良好后，用万用表检测软铜线导通良好，若使用绝缘操作杆安装，需要用 2500V 及以上绝缘电阻测试仪分段检测其表面电阻，阻值应不低于 700MΩ。

（2）进入现场应将其放置在防潮的苫布或绝缘垫上，以防受潮或表面损伤、脏污。

（3）根据现场接点发热的位置，选择合适长度的软铜线，根据作业点采用适当方式（如等电位人员在人字梯上或地电位人员在地面）将接引线夹与发热位置两侧软母线、引流线连接牢靠。连接前，应去除连接部分氧化层。

（4）传递过程中，引线不宜过长，应将其盘成圈，放入工具袋内。

（5）根据作业位置、作业方法选择相应电压等级的绝缘杆。

3.7.2 隔离开关接点发热带电短接装置

1. 功能介绍

隔离开关接点发热带电短接装置用于等电位作业法或间接作业法，隔离开关或引流线的接点发热处理。由软母线接引线夹、收紧绝缘手柄或绝缘操作杆、伸缩绝缘保护管、带护套软铜线组成。

图 3-23　隔离开关接点发热带电短接装置

（1）适用电压等级：35～220kV。

（2）特点：组装快捷、操作速度快安全可靠。

优点：可以对设备接点发热部位进行短接分流，将发热部位温度降至正常运行温度。

缺点：只能起到临时短接分流作用，不能永久使用。

2. 使用方法及注意事项

（1）使用前，应对其进行外观检查，检查线夹有无损坏、卡滞，软铜线有无断股等，确定外观良好后，用万用表检测软铜线导通良好，若使用绝缘操作杆安装，需要用 2500V 及以上绝缘电阻测试仪分段检测其表面电阻，阻值应不低于 700MΩ。

（2）进入现场应将其放置在防潮的苫布或绝缘垫上，以防受潮或表面损伤、脏污。

（3）根据现场接点发热的位置、连接点位置距离，选择合适长度的软铜线及绝缘保护管，确认线夹与发热位置两侧引流线连接可靠。连接前，清除连接点氧化层。

（4）作业过程中，应确保装置水平传递，保持装置与地面间的安全距离。

（5）根据作业位置、作业方法选择相应电压等级的绝缘杆。

第 4 章

变电站带电作业典型方法

4.1 地电位作业法

地电位作业法是指作业人员站在杆塔构架或大地上，用绝缘工具（如绝缘操作杆、检测杆、水冲杆、绝缘绳索等）对带电体进行作业。作业人员处于地电位，使用绝缘工具间接接触带电设备的作业方法。

地电位作业法最大的特点是：作业人员可以在带电设备周围工作，不占据（或改变）设备原有的空间尺寸。因此，适用于各电压等级的带电作业。但是更适合 35kV、66kV、110kV 等设备间距小且使用绝缘工具不长的作业。

地电位作业法作业方式可表达为：接地体→人体→绝缘体→带电体。人体和接地体基本上处于同一电位上。人体通过绝缘工具与带电体接触。

地电位作业法技术条件：

（1）人体与带电体必须保持《国家电网公司电力安全工作规程（变电部分）》（Q/GDW 1799.1—2013）规定的安全距离（35kV 不小于 0.6m，66kV 不小于 0.7m，110kV 不小于 1.0m，220kV 不小于 1.8m，500kV 不小于 3.4m）。

（2）在 330kV 以上的设备，因电场强度较高，应采取电场防护措施。

（3）要保证绝缘工具的有效绝缘长度。

本节从工法概述、适用场景的基本要求、作业关键步骤、人员组织、主要工器具等方面分别介绍了异物清除、连接点发热处理、零值绝缘子检测、绝缘子水冲洗、销钉螺母安装等工法。

4.1.1 异物清除

该工法是作业人员利用绝缘杆及相应操作头，通过间接作业法旋转、横向/纵向移动操作杆方式，使异物裹挟在操作头上，达到清理带电体侧异物的目的。

使用该工法进行带电体异物缺陷处理的难点在于：操作人员操作绝缘操作杆，通过旋转、拉扯操作杆将异物裹挟在操作头上，作业人员需保证绝缘操作杆的有效绝缘长度。

使用该工法进行带电清理异物的危险点主要集中在：清理异物过程中，需要保证异物不散开，保持短接相间、相地安全距离，防止发生相间、相地短路故障。

1. 适用场景的基本要求

（1）带电清理异物前，工作负责人必须勘察现场，考虑地电位人员人体站位，考虑紧固工具占用尺寸后，被清理异物位置相间距离、相地距离以及人体与带电体、操作杆有效绝缘长度需满足《国家电网公司电力安全工作规程（变电部分）》（Q/GDW 1799.1—2013）的要求：

1）人体与带电体的安全距离：35kV 大于 0.6m，110kV 大于 1.0m，220kV 大于 1.8m。

2）绝缘操作杆有效绝缘长度：35kV 大于 0.9m，110kV 大于 1.3m，220kV 大于 2.1m。

（2）工作负责人查询设计资料，明确清理异物地点相间、相地安全距离，为作业工法选择做好准备。

2. 作业关键步骤

（1）作业人员给绝缘操作杆安装操作头。

作业人员根据异物类型以及现场作业点相间、相地距离，选择操作头（五用破销器、小钩等），尽量减少操作头金属短接空气间隙、设备绝缘尺寸，将操作头旋转安装于操作杆顶部，要求安装稳固牢靠。

关键点：作业人员需根据现场实际情况选择操作头。

能力重点：作业人员需掌握《国家电网公司电力安全工作规程（变电部分）》（Q/GDW 1799.1—2013）对带电作业各项安全距离的要求，并能根据现场实际情况进行综合判断。

(2) 利用操作杆清理导线侧异物。

作业人员选择操作人员站立位置，利用操作杆操作头钩挂异物，同步沿引流线方向旋转操作杆，将异物裹挟在操作头上。过程中须注意随时观察引流线弧度变化，保证相间、相地安全距离。

关键点：作业人员操作绝缘操作杆时需随时观察引流线弧度变化，保证相间、相地安全距离。

能力重点：作业人员使用操作杆需匀速平稳，保证作业现场的相间和对地距离满足《国家电网公司电力安全工作规程（变电部分）》（Q/GDW 1799.1—2013）的要求。

3. 人员组织

工作班人员参考建议：工作班4人，包括工作负责人1人、专责监护人1人、地电位作业人员2人。

工作负责人：整体把握作业现场，安排作业人员在各个作业环节的工作，发布作业指令。

专责监护人：配合协助工作负责人，对工作负责人的视野盲区进行监护。

地电位作业人员：负责操作绝缘工器具开展异物清理工作。

4. 主要工器具

绝缘类：绝缘操作杆、绝缘手套等。

金属类：操作杆头专用配件、2cm检测间隙等。

检测类：绝缘电阻检测仪，风速、温湿度检测仪。

防护类：屏蔽服（全套）、安全带、安全帽。

其他：防潮垫布、工具包、毛巾。

4.1.2 连接点发热处理

该工法是作业人员利用绝缘杆及螺栓紧固工器具，通过间接作业法紧固连接点螺栓、降低连接点接触电阻的方式，达到消除发热缺陷的目的。

使用该工法进行连接点发热缺陷处理的难点在于：操作人员操作绝缘操作杆将螺栓紧固工具安装在松动螺栓上，作业人员需保证绝缘操作杆的有效绝缘长度。

使用该工法进行带电紧固螺栓的危险点主要集中在：操作工器具紧固螺栓过程中，需要保证对接地体及邻相带电部位足够的组合间隙和安全距离，防止发生相间、相地短路故障。

图 4-1 地电位处理接点发热

1. 适用场景的基本要求

(1) 带电紧固前工作负责人必须勘察现场,考虑地电位人员人体站位,考虑紧固工具占用尺寸后,发热点位置相间距离、相地距离以及人体与带电体、操作杆有效绝缘长度需满足《国家电网公司电力安全工作规程(变电部分)》(Q/GDW 1799.1—2013) 的要求:

1) 人体与带电体的安全距离:35kV 大于 0.6m,110kV 大于 1.0m,220kV 大于 1.8m。

2) 绝缘操作杆有效绝缘长度:35kV 大于 0.9m,110kV 大于 1.3m,220kV 大于 2.1m。

(2) 工作负责人查询设计资料,明确隔离开关联板螺栓具体型号,为工器具选择做好准备。

(3) 工作负责人现场勘察时,开展红外测温,判断具体发热位置。

2. 作业关键步骤

(1) 作业人员检查套筒大小与螺栓是否相匹配。

作业人员将操作套筒安装在螺栓端部,通过拉、伸、转操作杆微操作,感受套筒是否晃动,套筒旋转是否受力,判断套筒是否合适,避免套筒过大导致紧固过程中损坏螺栓棱角。

关键点:需要选取适合尺寸的套筒,避免套筒过大导致紧固过程中损坏螺栓棱角。

能力重点：作业人员能够判断所选取的套筒是否合适。

（2）螺栓紧固过程中，避免螺栓整体转动。

作业人员紧固螺栓过程中，注意观察螺栓对端是否同步转动，发现螺栓整体转动时，需利用带套筒操作杆将套筒安装在螺栓对端，防止螺栓整体转动。

关键点：在紧固螺栓的过程中需防止因螺栓对端同步转动导致螺栓无法紧固。

能力重点：两名作业人员需同步配合，保证螺栓紧固完全。

（3）紧固完成后，要求运行人员开展温度复测，观察缺陷是否消除，如未消除，及时采取其他处理措施。

关键点：需在负荷高峰期对缺陷位置进行复测，确保发热点温度恢复正常运行温度。

能力重点：运行人员能够在负荷高峰期准确测量缺陷位置温度。

3. 人员组织

工作班人员参考建议：工作班5人，包括工作负责人1人、专责监护人1人、登高地电位作业人员2人、地面作业人员1人。

工作负责人：整体把握作业现场，安排作业人员在各个作业环节的工作，发布作业指令。

专责监护人：配合协助工作负责人，对工作负责人的视野盲区进行监护。

登高地电位作业人员：负责操作绝缘工器具开展发热点螺栓紧固工作。

地面作业人员：负责本次作业地面工作，配合登高地电位作业人员完成本次作业。

4. 主要工器具

绝缘类：绝缘操作杆、绝缘手套、绝缘滑车、绝缘绳套、绝缘绳。

金属类：操作杆头专用配件、棘轮扳手、2cm检测间隙等。

检测类：绝缘电阻检测仪，风速、温湿度检测仪。

防护类：屏蔽服（全套）、安全带、安全帽。

其他：防潮垫布、工具包、毛巾。

4.1.3 零值绝缘子检测

该工法是作业人员利用绝缘检测杆作为主绝缘，从地面攀爬到构架地电位实施作业，通过判断是否发出声响来判定绝缘子是否为零值的一种带电作业方法。通过零值绝缘子检测,及时发现并更换零值绝缘子。该工法步骤清晰明了,操作简单,安全性高。

使用该工法进行 35~500kV 零值绝缘子检测,地电位作业人员在检测过程中要仔细确认发出声响,确保测零准确。

使用该工法进行零值绝缘子检测的危险点主要集中在:地电位作业人员在进出构架时,保证对带电部位足够的组合间隙和安全距离。

1. 适用场景的基本要求

带电检测前工作负责人必须勘察现场,并确认现场符合以下条件:

(1) 待检测的绝缘子为交流电气设备。

(2) 检测应在干燥天气进行。

2. 作业关键步骤

(1) 作业前,工作负责人应先检查作业现场,待检测绝缘子构架爬梯完好,脚钉无缺失,基础无下陷。

(2) 攀爬爬梯时,为确保地电位作业人员在转移过程中的安全,安全带要交替使用,不能失去保护,如图 4-2 所示。并与临近带电体保持安全距离,绝缘操作杆及检测仪用帆布袋包装好,随身背带;监护人全程监护提醒。

图 4-2 地电位作业人员攀爬爬梯

(3) 地电位电工选择合适的工位。

地电位电工选择合适的检测位置,使检测器的金属尖端准确搭在绝缘子两端。

关键点:地电位电工选择合适的作业位置上。

能力重点：地电位电工需与带电体保持足够安全距离，保证检测器能准确搭在待检测绝缘子两端。

（4）地电位作业人员按顺序逐片检测，如图4-3所示。

关键点：检测顺序应从导线端到横担端，逐片检测。

能力重点：能仔细辨别每片绝缘子检测时发出的声音，能区分放电声与电晕声。

图4-3 地电位作业人员零值检测

（5）检测过程中，如发现零值绝缘子，应确认测量准确。

关键点：如某片绝缘子没有发出声响，应反复测量2～3次，确保测量准确；并告知工作负责人零值绝缘子具体位置；当检测发现同一串中的良好绝缘子片数可能小于规定的最少片数时，应立即停止检测。一串中允许零值绝缘子片数见表4-1。

表4-1　　　　　　　　一串中允许零值绝缘子片数

电压等级/kV	35	63（66）	110	220	330	500
零值片数	1	2	3	5	4	6

能力重点：地电位电工的检测数据的准确性。

（6）地电位检测人员检测结束，沿着爬梯返回地面。

关键点：地电位检测人员确认构架上没有遗留物，得到确认后返回地面。

能力重点：地电位检测人员掌握该环节的危险点和控制措施。

3. 人员组织

工作班人员参考建议：工作班4人，包括工作负责人1人、专责监护人

1人、地电位作业人员1人、地面作业人员1人。

工作负责人：整体把握作业现场，安排作业人员在各个作业环节的工作，发布作业指令。

专责监护人：配合协助工作负责人，对工作负责人的视野盲区进行监护。

地电位作业人员：负责本次作业检测的工作。

地面作业人员：负责本次作业地面工作，配合地电位作业人员完成本次作业。

4. 主要工器具

绝缘类：绝缘检测杆1副（配合火花检测装置使用），保证地电位作业人员与带电体绝缘。

金属类：脚扣（根据需要确定）。

检测类：火花检测装置，绝缘电阻检测仪，风速、温湿度检测仪，根据需要确定。

防护类：屏蔽服、安全带、安全帽、线手套、护目镜等，根据需要确定。

其他：绝缘检测杆专用袋、应急医药箱、标准化作业布。

4.1.4 绝缘子水冲洗

绝缘子水冲洗是作业人员在高压设备正常运行的情况下，利用电阻率不低于$1\times10^5\Omega\cdot cm$的净化水，保持一定的水压和安全距离等条件，使用专门的泵水机械装置，对有污秽的电气设备绝缘部分进行冲洗清污的一种带电作业方法。该工法步骤清晰明了，操作速度快捷，能够对作业中可能存在的危险点做出针对性控制措施。

使用该工法进行变电站户外一次设备带电水冲洗难点在于：35～220kV变电站户外一次设备布置密集，冲洗时冲洗人员要与带电设备保持足够的安全距离，不同电压等级水柱长度要满足要求，根据冲洗设备类型、现场布置、污秽类型及积污程度等现场实际情况，选择合适的冲洗方法，注意冲洗角度和现场风向变化。

使用该工法进行变电站户外一次设备带电水冲洗的危险点主要集中在：冲洗过程中引发设备起弧乃至闪络和接地短路。冲洗时水的电阻率要满足要求，根据冲洗设备类型、现场布置、污秽类型及积污程度等现场实际情况，选择合适的冲洗方法，先冲下风侧，后冲上风侧。注意冲洗角度，避免将水溅到邻近设备上，以防邻近绝缘子在溅射的水雾中发生闪络。严禁水枪对准设备端子箱、二次接线盒、操作机构箱、变压器压力阀、气体继电器等，防止进水。

1. 适用场景的基本要求

（1）变电站内支柱式绝缘子，经零值、低值检测后的整串悬式绝缘子，大直径设备（如电流互感器、电压互感器，直径大于500mm的设备），变压器，阻波器支柱绝缘子，金属氧化物避雷器。以上设备需满足对应电压等级的相间距离、相地距离。

（2）冲洗作业前须对变电站设备绝缘表面进行取样检测，其盐密值超出表4-2时，不得进行带电冲洗。

表4-2　　　　　　　　绝缘子水冲洗临界盐密值

绝缘子类型	变电站支柱绝缘子	
	普通型绝缘子	耐污型绝缘子
爬电比距/（mm/kV）	14～16	20～31
临界盐密/（mg/cm^2）	0.12	0.20

（3）带电水冲洗前，工作负责人必须勘察现场，与变电站运行人员确认有关安全技术措施的落实情况，包括设备及继电保护是否处于正常运行状态，设备绝缘是否良好，是否有严重漏油或裂纹设备，是否有零值或低值的绝缘子，是否有断路器处于热备用状态，设备的端子箱是否密封良好等，不符合冲洗条件的不进行带电水冲洗。任何一方有疑问的应及时了解清楚，经双方确认后方可冲洗。

（4）冲洗期间，电力设备应正常运行，不得出现单相接地故障运行（冲洗前检查系统无接地情况），不得停用母线差动保护，不得进行倒闸操作。

2. 作业关键步骤

（1）冲洗前准备。工作负责人组织作业班人员进行带电水冲洗前作业准备。

关键点：

1) 作业车辆进入变电站，必须由工作负责人带领并做好监护工作。

2) 带电水冲洗作业人员冲洗前需与变电站运行人员确认有关安全技术措施的落实情况，包括设备及继电保护是否处于正常运行状态，设备绝缘是否良好，是否有严重漏油或裂纹设备，是否有零值或低值的绝缘子，是否有断路器处于热备用状态，设备的端子箱是否密封良好等，不符合冲洗条件的不进行带电水冲洗。任何一方有疑问的应及时了解清楚，经双方确认后方可冲洗。

3) 准备好足够的净化水，每车水冲洗前应测量水枪出口处水的电阻率，并做好记录。

4) 测量风速风向，确定冲洗设备顺序。

5) 冲洗用水泵电源应采取防触电、相间短路的措施。冲洗用水泵应可靠接地。冲洗时应密切注意水泵压强和水位，避免在冲洗中断水或失压。

6) 调整好水泵压强，使水柱射程远且水流密集；每次开水泵时应紧握水枪，枪口向下，避免出水射偏；当水压不足时，不得将水枪对准被冲洗的带电设备。

能力重点：工作班人员熟练掌握设备使用及操作方法。

（2）带电水冲洗。冲洗人员按照站位要求站位，调整好水枪水压后，操作人员启动冲洗泵，操作水冲洗设备对设备开展带电水冲洗作业，如图 4-4、图 4-5 所示。

图 4-4 地电位双枪跟踪冲洗 110kV 支柱绝缘子

关键点：

1) 冲洗支柱绝缘子时，应逐层、逐片冲洗，水枪上升要缓慢，回扫要迅速，要旋转摆动，不留死区死角，未冲完一个瓷柱时，严禁下枪。

2) 冲洗双串绝缘子或隔离开关的并立式绝缘子时，应同步、交替进行冲洗（悬式绝缘子逐片、并柱式绝缘子为每节1/4）。

图 4-5 大水冲洗绝缘子串

3) 冲洗悬式绝缘子串、瓷横担、耐张绝缘子串时，应从导线侧向接地侧依次冲洗。冲洗支柱绝缘子及绝缘瓷套时，应从下向上冲洗。

4) 冲洗悬式绝缘子时，上下水枪应避开空中垂吊的导线。对上下层布置的悬式绝缘子，要先冲下层，后冲上层，冲上层时要将流到下层的污水及时扫断。对导线下方的设备，由于冲洗时会有污水顺着连接的导线往下流，而导线上附有大量的脏污，一旦流到下面的设备上有可能造成危险，也须有人随时监视，发现有污水下流时及时指挥冲洗人员把沿导线下流到设备的污水扫断。冲洗悬式绝缘子完毕后，也要冲洗下方导线连接的设备以保证设备安全。

5) 冲洗变压器时，应先冲洗最低位置的套管（一般是先冲洗变低套管，冲洗干净后方可冲洗变中、变高套管，冲洗时还应注意对变低套管进行回扫，以截断溅到上面的污水），接着冲洗下风侧的套管，三相套管应优先冲洗不易溅湿到其他相的套管，如离其他设备较远较独立的套管，中性点套管为最后冲洗。冲洗时还应注意水柱避开气体继电器等设备。如变压器受散热器等附件或场地布置影响，不能保证合适的冲洗角度，则不能进行带电水冲洗。

6) 冲洗大直径设备（如电流互感器、电压互感器，直径大于500mm的

图 4-6 大水冲洗 110kV 管母线支柱绝缘子

设备）时，必须采用三、四枪组合冲洗。

7）冲洗阻波器支柱绝缘子时，如支柱绝缘子为三柱式，采用三支主枪呈三角形布置，一支辅枪位于三个支柱的中间位置，冲洗完三个支柱下部后，确定由一支辅枪配合先冲洗下风侧的一根支柱，依次冲洗其他两根。冲洗时，持辅枪人员所处位置应在能控制三根支柱的最佳角度，并能与主枪形成合理的夹角，需密切注意绝缘子支柱情况；对于四支柱绝缘子的冲洗方法除站位为四角位外，冲洗时四枪配合要默契，站位要合理，不换位的情况下能照顾四根支柱，四枪各冲一柱，交叉照应，迅速回扫。

8）冲洗布置较高的设备时，如 220kV 断路器上半部分，管母线支柱绝缘子、穿墙套管等，一般采用双枪跟踪法，中水或大水冲洗，冲洗时注意多次回扫，冲洗时枪与被冲洗设备垂直，冲洗角度要小于 45°，双枪配合要默契。

9）带电水冲洗应根据冲洗设备类型、现场布置、污秽类型及积污程度等现场实际情况，选择合适的冲洗方法，包括双枪跟踪法，三、四枪组合冲洗，四枪交叉组合冲洗；冲洗时应进行回扫，防止被冲洗设备表面出现污水线，尽量避免冲洗过程中出现起弧或减少起弧的程度。冲洗中注意垂直、水平冲洗角度，冲洗到顶部时要注意灭弧、扫污。

10）对于上下层布置的设备应先冲下层，后冲上层，并要注意冲洗角度，垂直冲洗角度应小于 45°，水平冲洗角度应大于 45°，严禁 0°冲洗，冲洗时尽量避免将水溅到邻近设备上,以防邻近绝缘子在溅射的水雾中发生闪络。

11)垂直安装的设备应自下而上冲洗,水平安装的设备应自导线向接地侧冲洗,倾斜安装的设备,与地面夹角大于45°时,其冲洗方法与垂直安装的设备相同;与地面夹角小于45°时,其冲洗方法与水平安装的设备相同。

12)冲洗时应注意风向,必须先冲下风侧设备,后冲上风侧设备,并在冲洗过程中注意风向及风速的变化,及时进行调整或暂停冲洗。

13)冲洗单个设备过程中不得换人、换水枪,冲洗完毕,换人、换水枪时要关闭水枪,以防水柱冲到或溅到邻近设备上,导致邻近设备发生溅闪。

14)冲洗时应注意水流冲到设备锈蚀金属部位,特别是在设备瓷套的顶部,造成含有大量金属碎末形成的污水,这时要特别注意迅速回扫,截断污水。

能力重点:工作班人员熟练掌握带电水冲洗步骤、流程及冲洗方法。

3. 人员组织

工作班人员参考建议:工作班成员11人,其中工作负责人1人,专责监护人1人,冲洗操作员4人,地电位作业人员4人,水泵操作员1人。由于冲洗操作员工作强度较大,为防疲劳工作,冲洗操作员与水泵操作员可以进行轮换。

工作负责人:整体把握作业现场,安排作业人员在各个作业环节的工作,发布作业指令。

专责监护人:配合协助工作负责人,对工作负责人的视野盲区进行监护。

冲洗操作员:听从工作负责人指挥,负责冲洗,严格按照作业流程规范操作。

水泵操作员:听从工作负责人指挥,冲洗前检查冲洗系统接地是否完好,负责冲洗车水泵压力、水量控制。

地电位作业人员:负责本次作业地面工作,配合冲洗操作员冲洗水管展放、移位。

4. 主要工器具

绝缘类:水枪4支。

金属类:扳手、水枪喷嘴。

检测类:绝缘电阻检测仪,绝缘手套检测仪,风速、温湿度检测仪,万用表,电导率仪,盐密度测试仪,根据需要确定。

防护类:安全帽、安全帽防水面罩、绝缘手套、绝缘靴、防雨服,根据需要确定。

其他：应急医药箱、标准化作业布、超纯水处理装置、高压冲洗装置、水冲洗枪专用接地线。

4.1.5　销钉螺母安装

该工法是作业人员利用绝缘操作杆及销钉螺母安装工具，通过间接作业法将销钉对孔、穿孔（螺栓对准螺杆旋转）实现销钉螺母补装，达到消除销钉螺母缺失缺陷的目的。

使用该工法进行销钉螺母安装缺陷处理，难点在于地电位作业人员操作操作杆，将销钉对准销钉孔、螺母对准螺杆压紧旋转，过程中易发生销钉、螺母掉落，因此，对于220kV及以上电压等级的作业此工法难度增大，更适合等电位作业。

使用该工法危险点主要集中在操作工器具安装销钉、螺母过程中，需要保证对接地体及邻相带电部位足够的组合间隙和安全距离，防止发生相间、相地短路故障。

1. 适用场景的基本要求

（1）带电补装销钉、螺母前，工作负责人必须勘察现场，考虑地电位人员人体站位，考虑安装工具占用尺寸后，发热点位置相间距离、相地距离以及人体与带电体、操作杆有效绝缘长度需满足《国家电网公司电力安全工作规程（变电部分）》（Q/GDW 1799.1—2013）的要求：

1）人体与带电体的安全距离：35kV大于0.6m，110kV大于1.0m，220kV大于1.8m。

2）绝缘操作杆有效绝缘长度：35kV大于0.9m，110kV大于1.3m，220kV大于2.1m。

（2）工作负责人查询设计资料，明确螺栓尺寸大小及相应安全距离，为作业工法选择做好准备。

2. 作业关键步骤

（1）地电位作业人员携带操作杆（配补装销钉螺栓小工具）攀爬爬梯至构架顶端，选择合适的作业位置。

关键点：地电位作业人员攀爬爬梯时，注意与周围带电体保持足够的安全距离，在龙门架上行走时，注意安全带腰绳及其他工具不得掉落至龙门架下方。

能力重点：地电位作业人员具备高处作业能力和资质，在攀爬过程中做好双重保护。

（2）利用操作杆及小工具补装销钉螺栓，确保安装到位。

关键点：在补装导线侧销钉螺栓时，绝缘操作杆的有效绝缘长度应满足《国家电网公司电力安全工作规程（变电部分）》（Q/GDW 1799.1—2013）的要求。在补装绝缘子中或靠近龙门架侧螺栓、销钉时，绝缘子和操作杆的组合绝缘距离应满足《国家电网公司电力安全工作规程（变电部分）》（Q/GDW 1799.1—2013）的要求。

能力重点：作业人员在高处作业时需做好安全保护，绝缘子片数较少时需确认安全距离是否满足《国家电网公司电力安全工作规程（变电部分）》（Q/GDW 1799.1—2013）的要求。

图 4-7 地电位作业人员利用绝缘操作杆补装销钉螺栓

（3）工作结束，地电位作业人员携带操作杆沿爬梯返回地面。

关键点：地电位作业人员攀爬爬梯时，注意与周围带电体保持足够的安全距离。

能力重点：作业人员需根据现场实际情况选择上下构架的通道，重点注意热备用的隔离开关触头朝向爬梯侧打开时，触头与爬梯中间的距离是否满足人员通过。

3. 人员组织

工作班人员参考建议：工作班 4 人，包括工作负责人 1 人、专责监护人 1 人、地电位作业人员 1 人、地面作业人员 1 人。

工作负责人：整体把握作业现场，安排作业人员在各个作业环节的工作，发布作业指令。

第4章 变电站带电作业典型方法

专责监护人：配合协助工作负责人，对工作负责人的视野盲区进行监护。

地电位作业人员：负责本次龙门架上销钉螺栓安装工作。

地面作业人员：负责本次作业地面工作，配合地电位作业人员完成本次作业。

4. 主要工器具

绝缘类：绝缘操作杆1套。

金属类：补装销钉螺栓小工具、拔销钳、扳手。

检测类：绝缘电阻检测仪，风速、温湿度检测仪，万用表，根据需要确定。

防护类：屏蔽服、安全带、安全帽、线手套，根据需要确定。

其他：清洁干燥的毛巾、绝缘杆专用袋、应急医药箱、标准化作业布。

4.1.6 移动箱变车（平台）旁路35kV变电站负荷转带

移动箱变车（平台）旁路35kV变电站负荷转带接入法，是使用35kV移动箱变车在35kV变电站35kV进线侧进行地电位带电作业接入旁路柔性电缆，对35kV变电站内所有高压设备进行负荷转带后，对所有高压设备停电检修方法。

图4-8 移动箱变车（平台）

1. 适用场景的基本要求

带电更换、检修35kV站内变压器、开关、PT、母线等故障设备。

在35kV变电站大修/预试期间，采用替代模式代替整体35kV变电站使用。

作为临时变电站临时电源。

2．作业关键步骤

（1）利用风速、温湿度仪检测作业现场风速、温度、湿度。

（2）对绝缘工具进行绝缘电阻检测。

（3）10kV 输出电缆、35kV 引下电缆进行绝缘遥测检查。

（4）35kV 引下柔性电缆快插端与厢体快插箱连接，10kV 输出柔性电缆与厢体连接。

（5）斗臂车进行检测、支车、空斗试操作。

（6）带电作业人员登斗臂车，使用绝缘杆地电位或中间电位法作业，进行 35kV 柔性电缆引流线搭接工作。

（7）10kV 柔性电缆接入变电站 10kV 配电室备用间隔柜。

（8）移动箱变车内 35kV 开关送电，车载主变带电，检查各项设备运行正常。

（9）在移动箱变车内 10kV 开关处核相，确认移动箱变车输出与变电站 10kV 母线相序一致。

（10）箱变车内 10kV 开关送电，与变电站变压器并列运行。

（11）断开变电站 10kV 进线开关，断开变电站主变 35kV 开关，断开变电站 35kV 侧进线开关，全站停电，负荷转带完成，可以停电进行站内设备检修或更换工作。

（12）检修工作结束，按相反的程序再次将变电站与移动箱变车并列运行，然后退出移动箱变车运行，带电拆除箱变车的架空柔性电缆引下电缆，拆除 10kV 柔性电缆，结束负荷转带作业。

（13）收电缆、收车、整理工器具，办理工作终结手续。

3．人员组织

工作班人员参考建议：工作班成员 7 人，其中工作负责人 1 人，专责监护人 1 人，斗内作业人员 1 人，地面作业人员 4 人。

1）斗内作业人员负责绝缘杆法接引。

2）地面作业人员负责移动箱变车试验、核相、分合闸操作。

4．主要工器具

绝缘类：绝缘斗臂车、35kV 提线绝缘绳、35kV 射枪杆。

防护类：绝缘服、安全帽、安全带、绝缘手套。

检测类：数字万用表，便携式绝缘检测仪，风速、温湿度检测仪，绝缘

第4章 变电站带电作业典型方法

手套充气检测仪。

其他：移动箱变车、余缆工具、电动扳手、组合套筒扳手、导电脂、锉刀、砂纸、放电棒、等电位电位转移线、防潮垫布。

5. 风险种类及控制措施

（1）触电风险：作业人员与35kV导线带电体的安全距离大于0.6m；绝缘杆有效长度距离大于0.9m。

（2）作业人员登高作业使用安全带，防止高处坠落。

图4-9 旁路箱变车布置俯视图

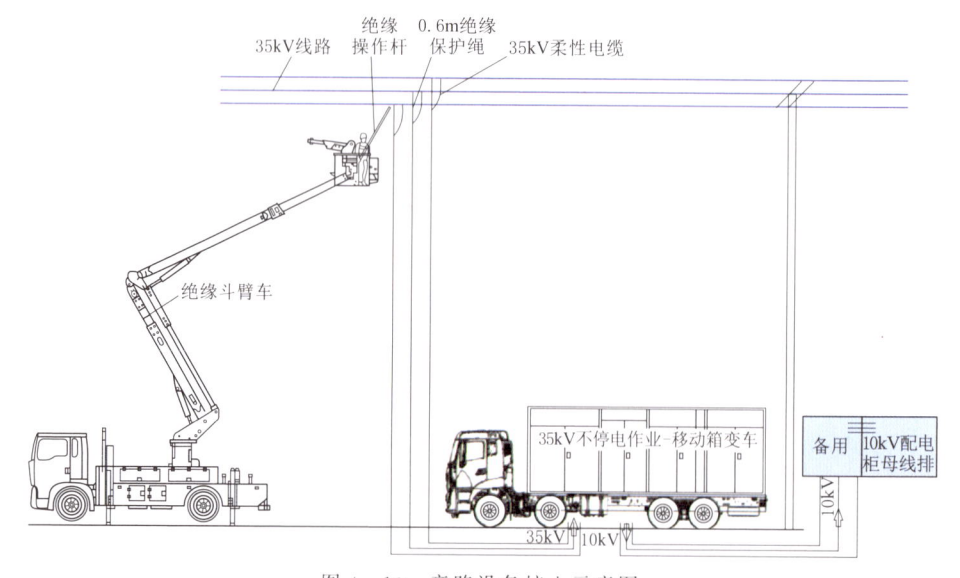

图4-10 旁路设备接入示意图

4.2 等电位作业法

等电位是指人体和带电体处于同一电位，等电位作业即二者电位相等的情况下进行作业。等电位作业与地电位作业不同之处在于人体在作业时，往往是占据部分净空尺寸使带电设备净空尺寸变小，而带电部分的尺寸变大，并使电场分布畸变，放电电压降低。

等电位作业法的最大特点是由于作业人员直接接触带电设备，极大地简化了作业工具和操作程序，特别是作业复杂、难度较大的作业项目，用1～2个人即可代替一个作业组的工作。因此，等电位作业法工作效率较高，电压等级越高，等电位更为方便，功效也越高。等电位作业更适用于110（66）kV及以上电压等级变电站设备开展带电作业。

等电位作业表达方式为：接地体→绝缘体→人体和带电体。人体通过绝缘体与接地体绝缘后，人体就能直接接触带电体进行工作。绝缘工具仍然起限制流经人体电流的作用。

等电位作业技术条件：①人在绝缘装置上，必须对地保持《国家电网公司电力安全工作规程（变电部分）》（Q/GDW 1799.1—2013）规定的安全距离（35kV不小于0.6m，66kV不小于0.7m，110kV不小于1.0m，220kV不小于1.8m，500kV不小于3.4m）；②对邻相也要保持《国家电网公司电力安全工作规程（变电部分）》（Q/GDW 1799.1—2013）规定的安全距离（35kV不小于0.8m，66kV不小于0.9m，110kV不小于1.4m，220kV不小于2.5m，500kV不小于5.0m）；③作业人员必须采取可靠的电场防护措施。

本节从工法概述、适用场景的基本要求、作业关键步骤、人员组织、主要工器具等方面分别介绍了等电位带电清除母线异物、绝缘子金具连接点发热处理、110（66）kV软母线引流线断引、110（66）kV管母线引流线断引、更换绝缘子、绝缘升降平台作业法等工法。

4.2.1 带电清除母线异物

该工法是作业人员利用绝缘平梯作为主绝缘由地电位向母线进出等电位实施作业的一种带电作业方法，通过带电清除异物方式避免母线停电，减少运行人员复杂倒闸操作，保证电网稳定性，如图4-11所示。

使用该工法进行母线异物清除难点在于：等电位作业人员等电位进出电

图 4-11 等电位清除母线异物

场,不短接绝缘子串有效绝缘长度,作业过程中等电位作业人员需与临相、接地体保证足够安全距离。

1. 适用场景的基本要求

带电清理前工作负责人必须勘察现场,考虑等电位人员进出电场挂梯位置、绝缘子有无自爆等情况,异物挂点位置相间、相地、组合间隙距离需满足《国家电网公司电力安全工作规程(变电部分)》(Q/GDW 1799.1—2013)的要求:

(1) 等电位作业人员与接地体的安全距离:110kV 不小于 1.0m,220kV 不小于 1.8m。

(2) 扣除等电位人员活动范围,等电位作业人员与相间带电体安全距离:110kV 不小于 1.4m,220kV 不小于 2.5m。

(3) 等电位作业人员进出等电位组合间隙应满足:110kV 不小于 1.2m,220kV 不小于 2.1m。

(4) 沿导(地)线上悬挂的软、硬梯进入强电场的作业,钢芯铝绞线截面不小于 120mm^2。

2. 作业关键步骤

(1) 地面人员与高处作业人员配合开展绝缘挂梯起吊。

绝缘挂梯起吊前,高处地电位作业人员选择起吊挂点,绝缘挂梯起吊过程中,需注意绝缘挂梯金属部分与相邻带电梯和接地体的距离,避免造成相间或接地短路。

关键点：吊起挂梯过程中需保证挂梯金属部位与相邻带电设备满足《国家电网公司电力安全工作规程（变电部分）》（Q/GDW 1799.1—2013）的要求（66kV 不小于 0.9m，110kV 不小于 1.4m，220kV 不小于 2.5m，330kV 不小于 3.5m，500kV 不小于 5m）。

能力重点：挂梯起吊过程要匀速平稳，必要时做牵引。

（2）高处作业人员配合安装绝缘挂梯，如图 4-12 所示。

图 4-12 高处作业人员配合安装绝缘挂梯

绝缘挂梯起吊至作业位置，高处地电位作业人员不拆除起吊绳，2 名高处地电位作业人员配合将绝缘挂梯金属钩安装在导线上合适位置（安装位置应满足等电位进出电场不短接绝缘子串要求），使用绝缘绳索将挂梯固定于龙门架上。

关键点：挂梯在导线侧挂点需根据绝缘子片数进行选择，满足《国家电网公司电力安全工作规程（变电部分）》（Q/GDW 1799.1—2013）中安全距离的要求。

能力重点：作业人员需掌握《国家电网公司电力安全工作规程（变电部分）》（Q/GDW 1799.1—2013）中安全距离的要求并能根据现场实际情况选择合适的作业位置。

（3）等电位作业人员进入电场。

绝缘挂梯安装完成后，等电位作业人员对挂梯进行冲击试验，满足要求后，检查屏蔽服各点是否连接良好，将绝缘安全带围绕绝缘挂梯使用，手脚配合沿绝缘挂梯进入作业位置，进入电场过程中尽量减少人体占用绝缘尺寸，到达母线侧等电位作业人员电位转移应迅速，人体电位转移后，应始终保持与带电体接触，避免间歇充放电。

关键点：高处作业需做好安全保护，等电位作业人员进出强电场过程中保证足够的组合间隙。

能力重点：作业人员具备高处作业和等电位作业能力和资质，能够按带电作业标准动作进入强电场。

(4) 等电位作业人员清除异物。

等电位作业人员系好安全带，将异物进行清理、装包，利用绝缘绳传至地面，传递过程中，尽量减少短接设备绝缘尺寸。

关键点：向地面传递拆除的异物时要保证下落通道满足安全距离要求。

能力重点：等电位作业人员和地面作业人员做好配合，必要时采用辅助绳进行牵引。

(5) 等电位作业人员退出电场。

异物清除完成后，等电位作业人员将绝缘安全带围绕绝缘挂梯使用，检查屏蔽服各点是否连接良好，申请转移电位、退出作业工位，手脚配合沿绝缘挂梯退出作业位置，退出过程中尽量减少人体占用绝缘尺寸，等电位作业人员回到龙门架后，将安全带系挂在龙门架上。

关键点：高处作业需做好安全保护，等电位作业人员进出强电场过程中保证足够的组合间隙。

能力重点：作业人员具备高处作业和等电位作业能力和资质，能够按带电作业标准动作退出强电场。

(6) 高处地电位作业人员配合拆除绝缘挂梯。

高处地电位作业人员确认绝缘挂梯拴稳拴牢，拆除龙门架侧固定绳索，互相配合拆除绝缘挂梯导线侧金属挂钩，地面人员配合拉紧起吊绳索，将绝缘挂梯放至地面，需要注意绝缘挂梯金属部分禁止短接设备绝缘尺寸。

关键点：吊起挂梯过程中需保证挂梯金属部位与相邻带电设备满足《国家电网公司电力安全工作规程（变电部分）》（Q/GDW 1799.1—2013）的要求（66kV 不小于 0.9m，110kV 不小于 1.4m，220kV 不小于 2.5m，330kV 不小于 3.5m，500kV 不小于 5m）。

能力重点：挂梯起下落程要匀速平稳，必要时做牵引。

3. 人员组织

工作班人员参考建议：工作班 6 人，包括工作负责人 1 人、专责监护人

1人、等电位作业人员1人、地电位作业人员1人、地面作业人员2人。

工作负责人：整体把握作业现场，安排作业人员在各个作业环节的工作，发布作业指令。

专责监护人：配合协助工作负责人，对工作负责人的视野盲区进行监护。

等电位作业人员：负责安装绝缘挂梯，进出等电位开展异物清理工作。

地电位作业人员：负责安装绝缘挂梯，配合等电位电工作业。

地面作业人员：负责本次作业地面工作，配合高处作业人员完成本次作业。

4. 主要工器具

绝缘类：绝缘挂梯、绝缘手套、绝缘滑车、绝缘绳套、绝缘绳。

金属类：一字改锥、美工刀、2cm检测间隙等。

检测类：绝缘电阻检测仪、风速、温湿度检测仪。

防护类：屏蔽服（全套）、安全带、安全帽。

其他：防潮垫布、工具包、毛巾。

4.2.2　耐张绝缘子引线连接点发热处理

该工法是作业人员利用绝缘平梯作为主绝缘由构架水平进出等电位实施作业的一种带电作业方法，通过带电紧固螺栓可避免运行人员复杂的倒闸操作，保证电网稳定性。该工法步骤清晰明了，操作速度快捷，能够对作业中可能存在的危险点做出针对性的控制措施。

使用该工法进行母线带电紧固螺栓的难点：110kV设备场地相间距离较小，等电位作业人员在中间相进行紧固螺栓时需保证足够的安全距离。

使用该工法进行带电紧固螺栓的危险点主要集中在：等电位作业人员在最短相作业时，进出强电场以及下落引流线时需要保证对接地体及邻相带电部位足够的组合间隙和安全距离，必要时可使用绝缘操作杆和绝缘牵引绳进行辅助控制作业。

1. 适用场景的基本要求

带电紧固螺栓前工作负责人必须勘察现场，并确认现场符合以下条件：

（1）带电紧固螺栓，导线截面钢芯铝绞线、铝合金绞线不小于120mm^2，钢绞线不小于50mm^2。

（2）严禁作业点下方有跨越导线或设备，如作业点上方有跨越导线，保证所有安全距离度满足《国家电网公司电力安全工作规程（变电部分）》（Q/GDW 1799.1—2013）的要求：

1）等电位作业人员与接地体的安全距离：110kV 大于 1.0m，220kV 大于 1.8m。

2）扣除等电位人员活动范围，等电位作业人员与相间带电体安全距离：110kV 大于 1.4m，220kV 大于 2.5m。

3）等电位作业人员进出等电位组合间隙：110kV 大于 1.2m，220kV 大于 2.1m。

（3）等电位作业人员进入强电场的通道，须保证组合间隙满足《国家电网公司电力安全工作规程（变电部分）》（Q/GDW 1799.1—2013）的要求；如自然条件下无法满足《国家电网公司电力安全工作规程（变电部分）》（Q/GDW 1799.1—2013）对组合间隙的要求，需地面作业人员调整绝缘平梯的角度、位置，确保等电位作业人员进出强电场通道满足要求。

图 4-13 等电位作业人员处理耐张绝缘子引线连接点发热

2. 作业关键步骤

（1）地电位作业人员携带绝缘绳索攀爬爬梯至构架顶端。

关键点：地电位电工攀爬爬梯时，注意与周围带电体保持足够的安全距离。

能力重点：作业人员攀爬爬梯时需做好双重保护并注意与周围带电体保

持足够的安全距离。

(2) 地电位作业人员至构架顶端,选择合适的作业位置,作业人员与带电体保持足够的安全距离:35kV 不小于 0.6m,110kV 不小于 1.0m,220kV 不小于 1.8m。

关键点:在龙门架上行走时,注意安全带腰绳及其他工具不得掉落至龙门架下方,避免造成相间或接地短路。

能力重点:作业人员具备高处作业能力,高处转移位置时不得失去安全保护。

(3) 地电位作业人员将绝缘平梯挂在作业点的母线上,如图 4-14 所示。

图 4-14 地电位作业人员悬挂绝缘平梯

地电位作业人员需将绝缘平梯挂在母线合适的位置上,需防止摆动过大,砸伤周围设备,引发短路故障。

关键点:挂梯在导线侧挂点需根据绝缘子片数进行选择,满足《国家电网公司电力安全工作规程(变电部分)》(Q/GDW 1799.1—2013) 中安全距离的要求。

能力重点:作业人员需掌握《国家电网公司电力安全工作规程(变电部分)》(Q/GDW 1799.1—2013) 中安全距离的要求,并能根据现场实际情况选择合适的作业位置。

(4) 等电位作业人员携工具包沿绝缘平梯进入电场,用手转移电位进入强电场。

等电位作业人员在进入电场的过程中,必须保证组合间隙、面部裸露部分与带电体距离大于《国家电网公司电力安全工作规程(变电部分)》(Q/GDW

1799.1—2013)的要求。同时防止强电场对等电位作业人员头部放电。

（5）等电位作业人员到达工位后，开展引流线线夹紧固工作。

引流线线夹紧固时，应注意螺栓旋转方向，防止转向错误，导致螺栓松脱。

关键点：等电位作业人员必须注意螺栓旋转方向，是紧固螺栓而不是松螺栓。

能力重点：等电位作业人员掌握该环节的危险点和控制措施。

（6）等电位作业人员工作结束，退出强电场，返回地面。整理工器具，退出作业现场。

等电位作业人员必须保证面部裸露部分与带电体距离不小于0.3m，防止强电场对等电位作业人员头部放电。

关键点：等电位作业人员必须保证面部裸露部分与带电体距离不小于0.3m。

能力重点：等电位作业人员掌握带电作业动作要领，并能在指定位置完成相应动作，地面作业人员掌握该环节的危险点，配合等电位作业人员完成作业。

3. 人员组织

工作班人员参考建议：工作班7人，包括工作负责人1人、专责监护人1人、等电位作业人员1人、龙门架上地电位作业人员1人，地面作业人员3人。

工作负责人：整体把握作业现场，安排作业人员在各个作业环节的工作，发布作业指令。

专责监护人：配合协助工作负责人，对工作负责人的视野盲区进行监护。

等电位作业人员：负责本次作业进入强电场的工作。

龙门架上地电位作业人员：负责本次作业携带绝缘绳索攀爬爬梯至构架顶端，配合等电位作业人员装拆绝缘平梯。

地电位作业人员：负责本次作业地面工作，配合等电位作业人员完成本次作业。

4. 主要工器具

绝缘类：绝缘平梯1副（进入强电场通道）、绝缘滑车1个、绝缘绳1条（起吊绝缘平梯）、绝缘绳套1个、绝缘后备保护绳1条（等电位电工进出电场的后备保护）。

金属类：电动扳手、棘轮扳手。

检测类：绝缘电阻检测仪，绝缘手套检测仪，风速、温湿度检测仪，万用表，根据需要确定。

防护类：屏蔽服、安全带、安全帽、屏蔽线、线手套、护目镜，根据需要确定。

其他：清洁干燥的毛巾、绝缘绳专用袋、应急医药箱、标准化作业布。

4.2.3　110（66）kV 软母线引流线断引

该工法是作业人员利用绝缘挂梯作为主绝缘由地面向母线进出等电位实施作业的一种带电作业方法，适用于110（66）kV、220kV变电设备软母线带电断引作业。该工法步骤清晰明了，操作速度快捷，能够对作业中可能存在的危险点做出针对性控制措施。

使用该工法进行软母线带电断、接引的难点：110（66）kV设备场地相间距离较小，等电位作业人员在中间相进行断、接引时需保证足够的安全距离。

使用该工法进行带电断、接引的危险点主要集中在：等电位作业人员在最短相作业时，进出强电场以及下落、提升引流线时需保证对接地体及邻相带电部位足够的组合间隙和安全距离，必要时可使用绝缘操作杆和绝缘牵引绳进行辅助控制作业。

1. 适用场景的基本要求

带电断引前工作负责人必须勘察现场，并确认现场符合以下条件：

（1）带电断、接引，导线截面钢芯铝绞线、铝合金绞线不小于120mm^2；钢绞线不小于50mm^2。

（2）严禁作业点下方有跨越导线或设备，如作业点上方有跨越导线，保证所有安全距离度满足《国家电网公司电力安全工作规程（变电部分）》(Q/GDW 1799.1—2013)的要求：

1）组合间隙：110kV不小于1.2m、66kV不小于0.8m。

2）对带电体的距离（或对接地体）：110kV不小于1.0m、66kV不小于0.7m。

3）邻相导线的距离：110kV不小于1.4m、66kV不小于0.9m。

（3）等电位作业人员进入强电场的通道，保证组合间隙满足《国家电网公司电力安全工作规程（变电部分）》(Q/GDW 1799.1—2013)的要求；如自然条件下无法满足《国家电网公司电力安全工作规程（变电部分）》（Q/GDW 1799.1—2013）对组合间隙的要求，需地面作业人员调整绝缘挂梯的角度、位置，确保等电位作业人员进出强电场通道满足要求。

2. 作业关键步骤

(1) 作业前，工作负责人应先勘查作业现场，严禁带负荷断、接引线。

带电断、接引时确保隔离开关在开位，操作机构已闭锁、无接地，线路侧的变压器、电流互感器已退出运行。如图 4-15 所示。

图 4-15 引线隔离开关处于断开状态

(2) 带电断引时，从远离隔离开关的一相依次向较近的两相进行；带电接引时从靠近隔离开关的一相依次向较远的两相进行。

为确保等电位作业人员在断引后可以退出强电场，带电断引时应依据引流线长短顺序（即长、中、短先后顺序）依次进行，带电接引时应依据引流线长短顺序（即短、中、长先后顺序）依次进行。

(3) 地面作业人员将绝缘挂梯挂在作业点的母线上。

地面作业人员需将绝缘挂梯挂在母线合适的位置上，需防止摆动过大，砸伤周围设备，引发短路故障。

关键点：地面作业人员需将绝缘挂梯挂在合适的作业位置上。

能力重点：地面作业人员需能稳定控制绝缘挂梯，保证在挂梯期间绝缘梯垂直于地面。

(4) 等电位作业人员携消弧滑车和引流线牵引绳蹬梯，用手转移电位进入强电场。

图4-16 地面作业人员将绝缘挂梯挂在作业点的母线上

等电位作业人员必须保证面部裸露部分与带电体距离不小于0.2m。防止强电场对等电位作业人员头部放电。

关键点：等电位作业人员必须保证面部裸露部分与带电体距离不小于0.2m。

能力重点：等电位作业人员掌握带电作业动作要领，并能在指定位置完成相应动作。

图4-17 等电位作业人员沿挂梯进入强电场

（5）等电位作业人员在母线适当位置上安装消弧滑车，把引流线牵引绳的一端绑扎在需断开的引流线线夹上。

引流线牵引绳需绑扎牢固，防止下落或上升过程中牵引绳脱落，引流线回弹将等电位作业人员串入电路。

关键点：等电位作业人员必须将牵引绳绑扎牢固。

能力重点：等电位作业人员熟练掌握绳扣的绑扎方法。

（6）等电位作业人员拆除、安装引流线连接螺丝，地面作业人员利用引流线牵引绳放下、提升引流线。

引流线与母线脱离或接触时的放电瞬间，等电位作业人员把头转向另一侧，防止被电弧击伤。当所断的引流线较短时，需采用助拉绳控制引流线下落或上升的速度和方向；离构架或其他设备较近时应使用绝缘杆辅助控制。

关键点：等电位作业人员必须把头转向另一侧，防止被电弧击伤。

能力重点：等电位作业人员和地面作业人员须掌握该环节的危险点和控制措施。

图 4-18 等电位作业人员等电位安装消弧绳及消弧滑车

（7）等电位作业人员拆除安全带，退出强电场，返回地面，固定已断下的引流线（断引时），整理工器具，退出作业现场。

等电位作业人员必须保证面部裸露部分与带电体距离不小于 0.2m，防止强电场对等电位作业人员头部放电，地面作业人员不得直接接触已断开相的引流线，需等电位作业人员解开绑扎在引流线上的牵引绳，在三相全部断完后再将其绑扎在固定构架上。

关键点：等电位作业人员必须保证面部裸露部分与带电体距离不小于 0.2m，地面作业人员不得接触断下来的引流线。

能力重点：等电位作业人员掌握带电作业动作要领，并能在指定位置完成相应动作，地面作业人员掌握该环节的危险点，配合等电位作业人员完成作业。

3. 人员组织

工作班人员参考建议：工作班 8 人，包括工作负责人 1 人、专责监护人 1 人、等电位作业人员 3 人、地面作业人员 3 人。

工作负责人：整体把握作业现场，安排作业人员在各个作业环节的工作，发布作业指令。

专责监护人：配合协助工作负责人，对工作负责人的视野盲区进行监护。

等电位作业人员：负责本次作业进入强电场的工作。

地电位作业人员：负责本次作业地面工作，配合等电位作业人员完成本次作业。

4. 主要工器具

绝缘类：绝缘挂梯 1 副（进入强电场通道）、绝缘操作杆 3 根（对引流线起支撑、牵引作用）、绝缘绳 3 条（对引流线起牵引作用）。

金属类：消弧滑车、电动扳手、棘轮扳手。

检测类：绝缘电阻检测仪，绝缘手套检测仪，风速、温湿度检测仪，根据需要确定。

防护类：屏蔽服、安全带、安全帽、屏蔽线、线手套、护目镜，根据需要确定。

其他：中性凡士林、清洁干燥的毛巾、绝缘绳专用袋、应急医药箱、标准化作业布。

4.2.4　110（66）kV 管母线引流线断引

该工法是作业人员利用绝缘平台作为主绝缘由地面向母线进出等电位实施作业的一种带电作业方法，通过带电断、接引流线可避免运行人员复杂的倒闸操作，保证电网稳定性。该工法步骤清晰明了，操作速度快捷，能够对作业中可能存在的危险点做出针对性控制措施。

使用该工法进行母线带电断引的难点：110（66）kV 管母线无法搭载绝缘挂梯须使用绝缘平台，110（66）kV 管母线设备场地相间距离较 110（66）kV 软母线设备场地相间距离小很多，作业人员应根据现场实际情况将绝缘平台摆放在合适位置。

使用该工法进行带电断引的危险点主要集中在:等电位作业人员在 110 (66) kV 管母线设备场地进行带电断引时,作业人员必须严格控制工作幅度,保证作业人员组合间隙满足《国家电网公司电力安全工作规程(变电部分)》(Q/GDW 1799.1—2013)的要求。

1. 适用场景的基本要求

带电断引前工作负责人必须勘察现场,并确认现场符合以下条件:

(1) 绝缘平台的摆放位置必须保证等电位作业人员的组合检修满足《国家电网公司电力安全工作规程(变电部分)》(Q/GDW 1799.1—2013)的要求,如自然条件下无法满足《国家电网公司电力安全工作规程(变电部分)》(Q/GDW 1799.1—2013)对组合间隙的要求,需地面作业人员调整绝缘平台的角度、位置,确保等电位作业人员进出强电场通道满足要求。

(2) 严禁作业点下方有跨越导线或设备,如作业点上方有跨越导线,保证所有安全距离度满足《国家电网公司电力安全工作规程(变电部分)》(Q/GDW 1799.1—2013)的要求,如图 4-19 所示。

1) 组合间隙:110kV 不小于 1.2m、66kV 不小于 0.8m。

2) 对带电体的距离(或对接地体):110kV 不小于 1.0m、66kV 不小于 0.7m。

图 4-19 地面作业人员在合适位置组立绝缘平台

3）邻相导线的距离：110kV 不小于 1.4m、66kV 不小于 0.9m。

2. 作业关键步骤

（1）作业前，工作负责人应先勘查作业现场，严禁带负荷断、接引线。

带电断、接引时确保隔离开关在开位，操作机构已闭锁、无接地，线路侧的变压器、电流互感器已退出运行。

（2）带电断引时，从远离隔离开关的一相依次向较近的两相进行；带电接引时从靠近隔离开关的一相依次向较远的两相进行。

为确保等电位作业人员在断引后可以退出强电场，带电断引时应依据引流线长短顺序（即长、中、短先后顺序）依次进行，带电接引时应依据引流线长短顺序（即短、中、长先后顺序）依次进行。

（3）地面作业人员将绝缘平台摆放在管母线作业点下方，如图 4-20、图 4-21 所示。

图 4-20 组立的绝缘平台位于管母线正下方正视图

图 4-21 组立的绝缘平台位于管母线正下方侧视图

地面作业人员需将绝缘平台摆放在现场合适的位置上，并做好固定牵引。

关键点：地面作业人员需将绝缘平台摆放在合适的作业位置上，如图 4-22 所示。

图 4-22 地面作业人员将绝缘平台摆放在合适的作业位置

能力重点：地面作业人员需能熟知变电站带电作业安全距离要求。

（4）等电位作业人员携消弧滑车和引流线牵引登上绝缘平台，用手转移电位进入强电场，如图 4-23 所示。

图 4-23 等电位作业人员站在绝缘平台的限位挡板内

等电位作业人员必须保证面部裸露部分与带电体距离不小于 0.2m。防止强电场对等电位作业人员头部放电。

关键点：等电位作业人员必须保证面部裸露部分与带电体距离不小于 0.2m。

能力重点：等电位作业人员掌握带电作业动作要领，并能在指定位置完成相应动作。

(5) 等电位作业人员在绝缘平台上安装消弧滑车,把引流线牵引绳的一端绑扎在需断开的引流线线夹上,如图 4-24 所示。

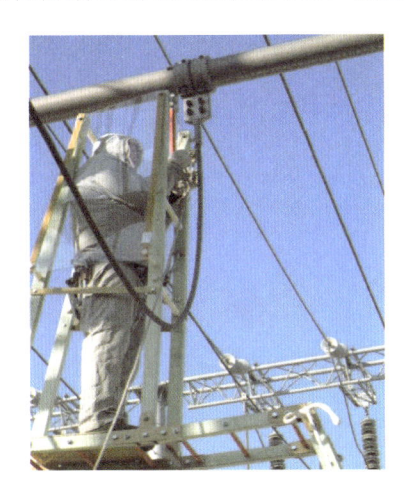

图 4-24 等电位作业人员安装消弧滑车及消弧绳

等电位作业人员必须严格控制动作幅度,保证与相邻管母线的安全距离,引流线牵引绳需绑扎牢固,防止下落或上升过程中牵引绳脱落,引流线回弹将等电位作业人员串入电路。

关键点:等电位作业人员必须与相邻管母线保持足够安全距离。

能力重点:等电位作业人员的动作必须严格按照标准动作进行。

(6) 等电位作业人员拆除、安装引流线连接螺丝,地面作业人员利用引流线牵引绳放下、提升引流线,如图 4-25 所示。

图 4-25 地面作业人员利用绝缘操作杆控制拆除引线

引流线与母线脱离或接触时的放电瞬间，等电位作业人员把头转向另一侧，防止被电弧击伤。当所断的引流线较短时，需采用助拉绳控制引流线下落或上升的速度和方向；等电位作业人员使用绝缘杆辅助控制。

关键点：等电位作业人员必须把头转向另一侧，防止被电弧击伤。

能力重点：等电位作业人员和地面作业人员须掌握该环节的危险点和控制措施。

（7）等电位作业人员拆除安全带，退出强电场，返回地面，固定已断下的引流线（断引时），整理工器具，退出作业现场。

等电位作业人员必须保证面部裸露部分与带电体距离不小于 0.2m，防止强电场对等电位作业人员头部放电，地面作业人员不得直接接触已断开相的引流线，需等电位作业人员解开绑扎在引流线上的牵引绳，在三相全部断完后再将其绑扎在固定构架上。

关键点：等电位作业人员必须保证面部裸露部分与带电体距离不小于 0.2m，地面作业人员不得接触断下来的引流线。

能力重点：等电位作业人员掌握带电作业动作要领，并能在指定位置完成相应动作，地面作业人员掌握该环节的危险点，配合等电位电工完成作业。

3. 人员组织

工作班人员参考建议：工作班 8 人，包括工作负责人 1 人、专责监护人 1 人、等电位电工 3 人、地面电工 3 人。

工作负责人：整体把握作业现场，安排作业人员在各个作业环节的工作，发布作业指令。

专责监护人：配合协助工作负责人，对工作负责人的视野盲区进行监护。

等电位作业人员：负责本次作业进入强电场的工作。

地电位作业人员：负责本次作业地面工作，配合等电位作业人员完成本次作业。

4. 主要工器具

绝缘类：绝缘平台 1 个（进入强电场通道）、绝缘操作杆 3 根（对引流线起支撑、牵引作用）、绝缘绳 3 条（对引流线起牵引作用）。

金属类：消弧滑车、电动扳手、棘轮扳手。

检测类：绝缘电阻检测仪，绝缘手套检测仪，风速、温湿度检测仪，根据需要确定。

防护类：屏蔽服、安全带、安全帽、屏蔽线、线手套、护目镜，根据需要确定。

其他：中性凡士林、清洁干燥的毛巾、绝缘绳专用袋、应急医药箱、标准化作业布。

4.2.5 更换绝缘子

利用绝缘升降平台作为等电位进出电场工具，利用绝缘拉板作为主绝缘更换绝缘子的一种带电作业方法，通过带电更换绝缘子避免母线停电，减少运行人员复杂倒闸操作，保证电网稳定性。

使用该工法进行母线绝缘子串更换难点：等电位作业人员进出电场、工器具安装等，等电位作业人员乘坐的绝缘升降平台位置尽量靠近绝缘子导线侧挂点垂直正下方，更换绝缘子用卡具应与金具大小且连接型式匹配，作业过程中等电位作业人员需与临相、接地体保证足够的安全距离。

1. 适用场景的基本要求

带电更换绝缘子前，工作负责人必须勘察现场，考虑等电位人员进出电场装备摆放位置、绝缘子有无自爆等情况，考虑作业点位置相间、相地、组合间隙距离需满足《国家电网公司电力安全工作规程（变电部分）》（Q/GDW 1799.1—2013）的规定：

（1）等电位作业人员与接地体的安全距离：110kV 大于 1.0m，220kV 大于 1.8m。

（2）扣除等电位人员活动范围，等电位作业人员与相间带电体安全距离：110kV 大于 1.4m，220kV 大于 2.5m。

（3）等电位作业人员进出等电位组合间隙应满足：110kV 大于 1.2m，220kV 大于 2.1m。

2. 作业关键步骤

（1）绝缘升降平台车辆摆放及测试。

绝缘升降平台驶入作业位置过程中需注意与带电体保持足够的安全距离，途经不抗压电缆沟盖板等情况时，应铺设抗压板。绝缘升降平台液压支腿位置应坚实，液压支腿承力后，需进行自动校平，如图 4-26 所示。绝缘升降平台作业前需进行绝缘检测、试操作。

图 4-26 绝缘升降平台液压支腿坚实稳固

关键点：根据现场实际情况选择绝缘升降平台的位置。

能力重点：工作负责人应具备选择绝缘升降平台位置并根据现场实际情况随时调整的能力。

（2）地电位作业人员攀登龙门架至作业位置。

地电位作业人员携带绝缘绳套、绝缘滑车、吊绳攀登龙门架至作业位置，攀爬过程中需要注意与带电体的安全距离满足《国家电网公司电力安全工作规程（变电部分）》（Q/GDW 1799.1—2013）的规定。地电位作业人员将起吊工具安装在合适位置。

关键点：地电位作业人员攀爬爬梯时，注意与周围带电体保持足够的安全距离。

能力重点：作业人员攀爬爬梯时需做好双重保护，并注意与周围带电体保持足够的安全距离。

（3）作业人员与地面人员配合起吊绝缘子更换工具。

作业人员与地面人员配合将卡具、拉板起吊至龙门架侧，起吊过程中避免金属卡具造成相间或接地短路。

关键点：吊起挂梯过程中需保证挂梯金属部位与相邻带电设备满足《国家电网公司电力安全工作规程（变电部分）》（Q/GDW 1799.1—2013）的要求。

能力重点：挂梯起下落程要匀速平稳，必要时做牵引。

(4) 等电位作业人员操作升降平台至作业工位，如图 4-27 所示。

图 4-27 绝缘升降平台至等电位作业工位

等电位作业人员穿屏蔽服、戴安全带登上绝缘平台，操作遥控器使绝缘升降平台到达工作位置，检查屏蔽服各点连接完好，等电位转移电位，安装等电位线。

关键点：等电位作业人员用手转移电位方法进入强电场前做好屏蔽措施，保证面部裸露部分与带电体距离不小于 0.2m。

能力重点：等电位作业人员掌握带电作业动作要领，并能在指定位置完成相应动作。

(5) 等电位作业人员地电位作业人员配合安装绝缘子更换作业需要使用的承力工具。

等电位作业人员与地电位作业人员配合，安装横担侧卡具及导线侧带钩拉板，安装过程中需要注意根据绝缘子串实际尺寸，调整承力工具尺寸，必要时将承力工具放至地面调整后重新起吊，带钩拉板之间单双板连接孔至少连接 2 孔。横担侧将直线卡具穿过龙门架绝缘子串上方背靠背角钢，将直线卡具丝杆连接孔与带钩拉板通过螺栓连接。

(6) 更换直线串绝缘子。

承力工具安装完成后、受力前，地电位作业人员需检查各点连接是否良好、受力是否正常，然后操作丝杠，将绝缘子受力转移至承力工具。承力工具受力后，等电位作业人员拆除绝缘子导线侧连接，地电位作业人员适当将丝杠旋转下放一段距离，为地电位作业人员拆除绝缘子提供充裕安全距离。地电位作业人员将绝缘子串拴稳后，拆除龙门架侧绝缘子串连接。地面作业人员采用新绝缘子串配重方式，将新绝缘子串传递至地电位安装位置，传递过程中注意放置绝缘子串钩挂引流线。地电位作业人员首先安装绝缘子串，拆除绝缘子绑绳，收紧丝杠，等电位作业人员安装导线侧绝缘子。绝缘子安装完成，地电位作业人员松承力工具，检查绝缘子串连接良好、受力正常后，拆除承力工具。

（7）等电位作业人员退出。

等电位作业人员拆除等电位线，检查屏蔽服各点连接完好，等电位作业人员转移电位，操作遥控器，使绝缘升降平台下降至最低点，等电位作业人员从绝缘平台下至地面。

关键点：等电位作业人员先退出强电场后拆除屏蔽措施。

能力重点：等电位作业人员掌握带电作业动作要领，并能在指定位置完成相应动作。

（8）地电位作业人员退出。

地电位作业人员检查龙门架上无遗留物，携带绝缘绳套、绝缘滑车、吊绳由龙门架下至地面。

3. 人员组织

工作班人员参考建议：工作班7人，包括工作负责人1人、专责监护人1人、地电位作业人员1人、等电位作业人员1人、地面作业人员3人。

工作负责人：整体把握作业现场，安排作业人员在各个作业环节的工作，发布作业指令。

专责监护人：配合协助工作负责人，对工作负责人的视野盲区进行监护。

等电位作业人员：负责操作绝缘升降平台至等电位作业工位，安装导线侧承力工具，完成导线侧绝缘子拆装工作。

地电位作业人员：负责携带起吊工具攀登至作业位置，安装横担侧承力工具，完成横担侧绝缘子串拆装工作。

地面作业人员：负责本次作业地面工作，配合高处作业人员完成本次作业。

4. 主要工器具

绝缘类：绝缘升降平台、绝缘拉板、绝缘手套、绝缘滑车、绝缘绳套、绝缘绳。

金属类：卡具、丝杠、2cm检测间隙等。

检测类：绝缘电阻检测仪，风速、温湿度检测仪。

防护类：屏蔽服（全套）、安全带、安全帽。

其　他：防潮垫布、工具包、毛巾。

4.2.6　绝缘升降平台作业法

作业人员利用绝缘升降平台作为主绝缘由地面垂直向上接近带电体进入（退出）等电位，作业人员位于带电体正下方，不进入相间的位置，在处于带电导线正下方位置实施作业的一种带电作业方法。

1. 适用场景

适用于220kV等电位软母线带电断、接引线，等电位硬管母线带电断、接引线作业。

尤其适用于相间最小电气安全距离较为紧张，作业空间狭小的变电站，母线作业位置正下方场地平整、无跨越物；所断、接引流线后端不带负荷（后端具有明显断开点）；母线对地高度满足等电位进出电场组合间隙要求；扣除人体活动范围，相间、相地安全距离满足规定要求，如图4-28所示，S2相间安全距离大于2.5m，ABC三相母线对地绝缘高度超过1.8m。

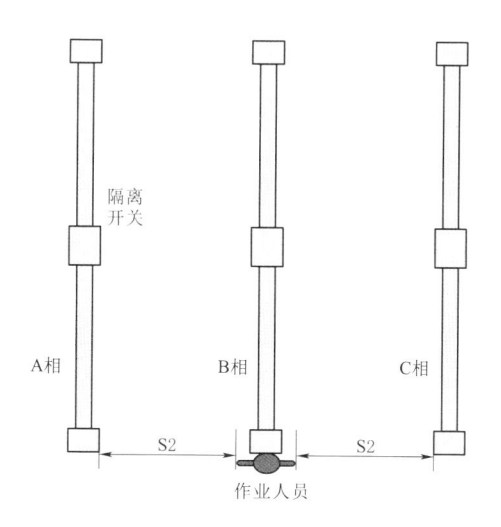

图4-28　作业人员在母线纵向作业示意图

第4章 变电站带电作业典型方法

2. 作业关键步骤

(1) 作业人员在地面选择母线下方合适的位置,停好"变电站用电动履带式自行走带电作业升降平台",等电位电工穿好屏蔽服,如图4-29、图4-30所示。

图4-29 绝缘杆测试平台对正母线　　图4-30 平台到达母线下方作业位置

(2) 带电断引时,从远离隔离开关的一相依次向较近的两相进行。当在中相作业时,绝缘升降平台务必处于母线正下方中央位置,等电位作业人员进入和退出强电场时,须保持两边相有足够安全距离,如图4-31、图4-32所示。

图4-31 母线及引线和平台相对位置　　图4-32 拆除引线

(3) 检查确认隔离开关在开位，且无接地后。

1) 空载操作升降平台，上升至合适高度，测试平台性能，返回初始位置。

2) 等电位作业人员穿好屏蔽服携控制滑车和控制绝缘循环绳登上绝缘升降平台，把安全带挂在平台专用挂环上，将升降平台正中间的绝缘伸缩测试杆安装并抽出到超过平台高度 1.8m，用绝缘伸缩测试杆测试绝缘平台与母线对中，并在平台上进行左右、前后微调，确保两根绝缘伸缩测试杆均指向母线正中对准，然后将测试杆缩回取下。

3) 作业人员将绝缘平台相对临相母线两侧护板升起，达到作业人员高度后锁死，将顺作业母线两侧平台护板降至作业人员胸口高度，以便进行操作。

4) 作业人员操控绝缘升降平台升至等电位作业人员头上方离母线 40cm 处，用平台上的电位转移棒转移电位并挂好在母线上，等电位作业人员和升降平台整体进入强电场。继续升高平台至作业人员方便作业位置，在母线适当位置上安装控制滑车，利用控制滑车和控制绳，将消弧滑车和消弧绳传递上来。

5) 等电位作业人员在母线适当位置上安装消弧滑车，把消弧绳金属导流线的一端绑扎在需断引的引流线线夹上，另一端由地面作业人员拉紧控制，并在需断引的引流线上绑扎控制循环绳，控制循环绳的另一端也由地面两名作业人员分别上下方向配合拉紧控制。等电位作业人员拆除引流线连接螺丝。

6) 等电位作业人员下降绝缘升降平台至合适位置，取下电位转移棒，继续降低平台退出强电场并远离断引点 4m 以上。三名地面作业人员互相配合，利用控制循环绳下放断开引流线，第一名地面作业人员控制下放控制绳，第二名地面作业人员迅速拉下控制循环绳一侧断开引流线，第三名地面作业人员控制消弧绳灭弧。协同将引流线断开放下。

7) 等电位作业人员再次上升绝缘升降平台，用平台上的电位转移棒转移电位并挂好在母线上，作业人员和升降平台整体进入强电场。拆除消弧滑车和消弧绳，利用控制滑车和控制循环绳，将消弧滑车、消弧绳传递到地面。拆除控制滑车和控制循环绳放置在平台内，等电位作业人员下降绝缘升降平台至合适位置，取下电位转移棒，继续降低平台退出强电场返回地面。其余两相带电断接引工作按照上述步骤进行。

3. 人员组织

作业项目工作人员共计 6 名。其中工作负责人 1 名，专责监护人 1 名，等电位作业人员 1 名，地面作业人员 3 名。

4. 主要工器具

绝缘类：绝缘平台、控制循环绳、消弧绳、消弧滑车、金属套子、绝缘滑车、绝缘绳套。

金属类：棘轮扳手、电极板等。

检测类：绝缘电阻检测仪，风速、温湿度检测仪，根据需要确定。

防护类：屏蔽服（全套）、安全带、安全帽，根据需要确定。

其他：防潮垫布、工具包、毛巾，根据需要确定。

5. 风险种类及控制措施

（1）本次作业应经现场勘察并编制 220kV 变电站等电位断、接母线空载隔离开关引线作业指导书，经本单位技术负责人或主管生产领导批准后执行。

（2）作业前应向调度告知：若遇跳闸，不经联系不得强送电。

（3）作业过程中如遇设备突然停电，作业人员应视设备仍然带电。

（4）作业应在良好天气下进行。如遇雷电（听见雷声、看见闪电）、雪、雹、雨雾时不得进行带电作业。风力大于 5 级（10m/s）时，不宜进行作业。

（5）现场相对湿度大于 80% 时，不宜进行作业。必要时，经采取相应安全技术措施，并由本单位分管生产领导批准后，方可进行作业。

（6）使用工具前，应仔细检查确认没有损坏、受潮、变形、失灵，否则禁止使用。

（7）作业前应对绝缘工具进行分段绝缘检测，其阻值不得低于 700MΩ，否则禁止使用。

（8）全体作业人员必须戴安全帽。

（9）地面人员严禁在作业点垂直下方逗留，高空人员应防止落物伤人。

（10）作业人员应在围栏内作业，不得随意跨越围栏，不得碰触、操作其他变电设备。

（11）作业人员在构架上作业期间，专责监护人应对作业人员进行不间断监护，且不得从事其他工作。

（12）相间安全距离不小于 2.5m。

（13）放下引流线时，要平稳，注意与其他两相安全距离。

（14）地电位作业人员人身与带电体的安全距离为 1.8m。

（15）绝缘升降平台必须先支脚，后升降。

（16）下放断引流线时，地面作业人员迅速拉下断开引流线，尽快灭弧。

（17）提升接引流线时，当引流线接近带电体时，地面作业人员迅速提升引流线，减少电弧时间。

（18）带电接引时未接通相的导线，和带电断引时已断开相的导线因感应而带电，应采取措施后才能触及，防止电击。

4.3 中间电位作业法

中间电位法时人体所处电位高于地电位，低于带电体电位，可以用较短的绝缘工具接触带电体的一种作业方法。适用于设备间距小无法等电位作业时，可以在绝缘承载平台上使用绝缘工具开展中间电位作业。

中间电位法的可以表达为：接地体→绝缘体→人体→绝缘体→带电体。作业人员通过两部分绝缘体与接地体和带电体分离。两部分绝缘体起着流经人体电流的限制作用，人体还要依靠两个空气间隙来防止带电体通过人对接地体发生放电，组合间隙 S1+S2 是中间电位法的一大特征。中间电位法作业时人体体表场强相对较高，要采取电场的防护措施。

4.3.1 使用绝缘升降平台安装 35kV 相间间隔棒

使用绝缘升降平台安装 35kV 相间间隔棒法是作业人员利用绝缘升降平台在导线下方由地面垂直向上到达合适位置，采用中间电位作业法实施作业的一种带电作业方法，通过带电安装相间间隔棒可避免部分线路停电及减少运行人员道闸操作的次数，保证电网稳定性。该工法步骤清晰明了，操作速度快捷，能够对作业中可能存在的危险点做出针对性控制措施。

使用该工法进行相间间隔棒安装过程中的难点：35kV 设备场地相间距离较小，等电位作业人员在相间间隔棒安装的过程中不仅要保证足够的安全距离且绝缘工器具的性能要满足作业要求。

使用该工法进行带电相间间隔棒安装的危险点主要集中在：相间间隔棒有一定重量，作业人员采用中间电位作业法安装过程中，一是可能导致间隔棒掉落，导致承载工具和人员存在高处落物风险；二是在开展近隔离开关等设备两相安装过程中，可能导致因与设备安全距离不足，导致无法安装的情况；三是要求所使用的绝缘工器具必须满足要求，否则可能导致操作人员造成相间短路的风险。

1. 适用场景的基本要求

带电安装相间间隔棒前,工作负责人必须勘察现场,并确认现场符合以下条件:

(1) 带电安装相间间隔棒母线下方应无遮挡设备,如图4-33所示。

图4-33 母线下方无遮挡设备

(2) 相间间隔棒安装过程中,保证所有安全距离度满足《国家电网公司电力安全工作规程(变电部分)》(Q/GDW 1799.1—2013)要求:

1) 组合间隙:大于0.7m。

2) 对带电体的距离(或对接地体):不小于0.6m。

3) 邻相导线的距离:不小于0.8m。

4) 绝缘升降平台操作人员距离:不小于0.7m。

(3) 作业人员在安装过程中,保证相地和组合间隙满足《国家电网公司电力安全工作规程(变电部分)》(Q/GDW 1799.1—2013)要求;如自然条件下无法满足《国家电网公司电力安全工作规程(变电部分)》(Q/GDW 1799.1—2013)对组合间隙的要求,需地面作业人员调整绝缘升降平台位置,确保作业人员操作过程中满足要求。

2. 作业关键步骤

(1) 检查及试操作。

将绝缘升降平台车停放至适当位置(图4-34),确保工作平台能安全到达所需作业点,绝缘平台车履带应离地,四肢腿调平后,绝缘平台车车辆前后、左右呈水平,查看平衡指示灯处于"绿灯"信号时,方可进行升降作

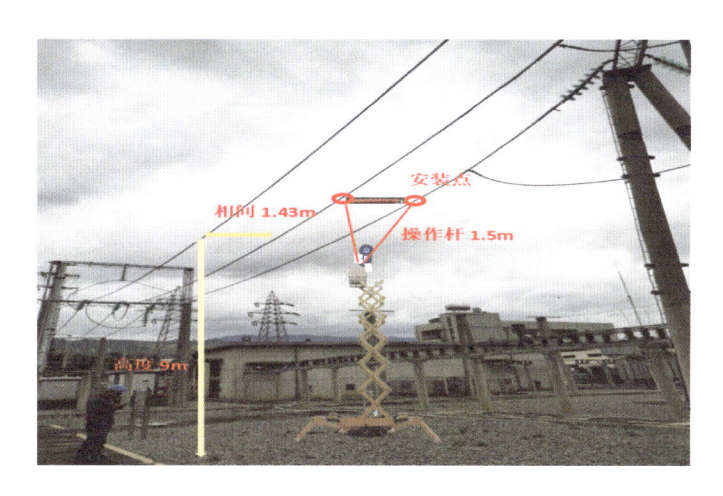

图 4-34 绝缘升降平台车停放示意图

业。检查绝缘升降平台确保其清洁、无裂纹、无损伤,绝缘升降平台车可靠接地,接地线应采用有透明护套的不小于 25mm² 的多股软铜线。支腿不应支放在沟道盖板上,必要时使用垫板或枕木。空载试操作时,专人监护,注意避开邻近的变电设备及各类障碍物,空载试操作时,绝缘升降平台空斗接触带电体,确认其泄漏电流最大值不超过 500μA 后,绝缘性能满足要求,方能载人作业;绝缘升降平台下端金属部分与带电体保持 0.7m 以上安全距离。

(2) 安装相间隔棒。

安装相间间隔棒应从远离隔离开关侧开始,依次进行,如图 4-35 所示。安装线夹时,确保线夹全部卡进导线,扭紧螺栓,确保紧固。

关键点:绝缘升降平台操作人员需将其摆放至合适位置,由远离隔离开关设备处依次进行,安装过程中,应确保线夹紧固到位。

能力重点:绝缘升降平台作业人员安装过程中应抬稳相间间隔棒且确保线夹紧固到位。

(3) 中间电位作业人员撤出作业工位,返回地面。

退出作业工位过程中,绝缘升降平台操作人员应操作平稳。

3. 人员组织

工作班人员参考建议:工作班 5 人,包括工作负责人 1 人、专责监护人 1 人、中间电位作业人员 2 人、绝缘升降平台操作人员 1 人。

工作负责人:整体把握作业现场,安排作业人员在各个作业环节的工作,发布作业指令。

图 4-35 电工利用绝缘杆安装相间间隔棒

专责监护人：配合协助工作负责人，对绝缘升级平台支撑稳固及试操作进行监护，并对工作负责人的视野盲区进行监护。

绝缘升降平台作业人员：负责本次相间间隔棒安装具体实施。

绝缘升降平台操作人员：负责操作绝缘升降平台并将绝缘升降平台作业人员升至合适位置。

4. 主要工器具

绝缘类：绝缘升降平台1台（作业所使用的承载工具）、伸缩式绝缘操作杆2根（安装相间间隔棒线夹使用）。

检测类：绝缘电阻检测仪1台、绝缘手套检测仪1台，风速、温湿度检测仪1台，根据需要确定。

防护类：屏蔽服、安全带、安全帽、护目镜，根据需要确定。

其他：清洁干燥的毛巾、线夹、应急医药箱、绝缘垫布。

4.3.2 利用绝缘承载平台中间电位作业法

该工法是作业人员利用绝缘升降平台作为主绝缘由地面垂直向上进出作业位置实施作业的一种临近带电体的带电作业方法，如图4-36所示。

1. 适用场景的基本要求

该工法适用于220kV变电站检修临近带电体作业（垂直开分隔离开关处于断开冷备用状态检修）；作业前，工作负责人必须勘察现场，并确认现场符合以下条件：

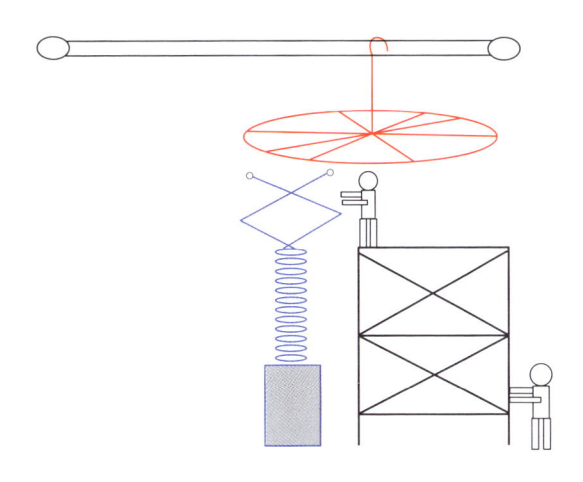

图 4-36 绝缘限位伞进行垂直开分隔离开关
处于断开冷备用状态检修作业

（1）带电体对地高度满足电场组合间隙要求。

（2）扣除人体活动范围，相间、相地安全距离满足规定要求。

2. 作业关键步骤

（1）检查垂直开分隔离开关处于断开冷备用状态。选取适当作业位置，地电位作业人员在地面组装限位伞，根据现场挂点位置，调整绝缘挂钩侧的绝缘杆长度，绝缘限位伞上侧绝缘杆有效绝缘长度最小应为 2.1m，限位伞下端连接绝缘杆以便操作。地电位作业人员在垂直开分隔离开关侧方合适的位置，停好"变电站用电动履带式自行走带电作业升降平台"，首先先行空载操作升降平台，上升至合适高度，测试平台性能，返回初始位置。

（2）中间电位作业人员穿好屏蔽服携滑车和绝缘循环绳登上绝缘升降平台，把安全带挂在平台专用挂环上，将升降平台升至隔离开关动触头水平下方位置，远离上方带电体，用绝缘传递绳将绝缘限位伞传递到平台上，中间电位工作人员手握限位伞下方手持部分绝缘杆下端手持部分，将限位伞举起，把限位伞上端绝缘杆上的绝缘卡钩卡挂在上方隔离开关静触头导杆上，确保带电的开关静触头导杆至限位伞距离大于 2.1m，摘除限位伞下端连接的手持部分绝缘杆，如图 4-37 所示。

（3）中间电位作业人员调整上升绝缘平台至垂直开分隔离开关侧方合适作业位置，中间电位作业人员必须在绝缘限位伞伞面下方作业，作业工具和人体不能超过绝缘限位伞伞面。作业人员直接触及隔离开关动触头，进行打

图 4-37 绝缘限位伞安装位置

磨处缺，或用其他工具进行作业处缺，隔离开关检修作业完成后，作业人员下降部分平台高度，安装连接限位伞下方手持部分绝缘杆，然后拆除绝缘限位伞并传递到地面，作业人员继续下降平台返回地面。

(4) 整理工器具，清理现场，作业完毕。

3. 人员组织

中间电位检修临近带电体作业（垂直开分隔离开关处于断开冷备用状态检修）的作业是中间点电位作业法。本作业项目工作人员共计 4 名。其中：工作负责人 1 名，工作监护人 1 名，中间电位作业人员 1 名，地面作业人员 1 名。

4. 主要工器具

绝缘类：绝缘承载平台、绝缘绳套、绝缘绳、绝缘滑车，绝缘操作杆根据需要确定。

金属类：棘轮扳手等。

检测类：绝缘电阻检测仪、风速、温湿度检测仪，根据需要确定。

防护类：屏蔽服（全套）、安全带、安全帽，根据需要确定。

其他：防潮垫布、工具包、毛巾，根据需要确定。

5. 风险种类及控制措施

(1) 本次作业应经现场勘察并编制 220kV 变电站等垂直开分隔离开关处于断开冷备用状态检修指导书，经本单位技术负责人或主管生产领导批准后执行。

(2) 作业前应向调度告知：若遇跳闸，不经联系不得强送电。

(3) 作业过程中如遇设备突然停电，作业人员应视设备仍然带电。

(4) 作业应在良好天气下进行。如遇雷电（听见雷声、看见闪电）、雪、雹、雨雾时不得进行带电作业。风力大于 5 级（10m/s）时，不宜进行作业。

(5) 现场相对湿度大于 80% 时，不宜进行作业。必要时，经采取相应安全技术措施，并由本单位分管生产领导批准后，方可进行作业。

(6) 使用工具前，应仔细检查确认没有损坏、受潮、变形，失灵，否则禁止使用。

(7) 作业前应对绝缘工具进行分段绝缘检测，其阻值不得低于 700MΩ，否则禁止使用。

(8) 全体作业人员必须戴安全帽。

(9) 地面人员严禁在作业点垂直下方逗留，高空人员应防止落物伤人。

(10) 作业人员应在围栏内作业，不得随意跨越围栏，不得碰触、操作其他变电设备。

(11) 作业人员在构架上作业期间，工作监护人应对作业人员进行不间断监护，且不得从事其他工作。

(12) 绝缘平台必须按 220kV 带电作业工具进行耐压试验。

(13) 在绝缘平台上的中间电位作业人员，必须注意与上侧母线带电体安全距离，保证与上侧带电体有 1.8m（220kV）安全距离，最小组合间隙为 2.1m。

(14) 注意中间电位作业人员与地面安全距离为 1.8m。

(15) 相间安全距离为 2.5m。

(16) 限位伞挂钩侧的绝缘杆有效绝缘长度最小应为 2.1m。

第 5 章

变电站带电作业典型案例

5.1 500kV 变电站带电清除异物

开展设备、变电站构架异物带电清除作业，有利于消除隐患，防止隐患扩大，避免变电设备发生故障引起设备的停电，保证变电设备安全稳定运行。

5.1.1 场景简介

变电站运行中的龙门架连接线（500kV 绝缘子串）上存在塑料薄膜（图 5-1）等异物导致设备存在安全隐患。如停电处理，操作步骤繁琐，且需改变电网运行方式，电网运行风险较高，影响电网运行可靠性。通过带电清除异物，可以有效避免这一问题。

5.1.2 场景要求

1. 基本要求

（1）严禁作业点下方有跨越导线或设备，如作业点上方有跨越导线，确保所有安全距离度满足《国家电网公司电力安全工作规程（变电部分）》（Q/GDW 1799.1—2013）的要求。

1）组合间隙大于 3.9m。

2）对带电体的距离（或对接地体）不小于 3.4m。

3）邻相导线的距离不小于 5.0m。

4）钢芯铝绞线截面积不小于 120mm²。

图 5-1 塑料薄膜位置

5）绝缘子长度不小于 23 片。

（2）等电位作业人员进入强电场的通道，保证组合间隙满足《国家电网公司电力安全工作规程（变电部分）》（Q/GDW 1799.1—2013）要求；如自然条件下无法满足《国家电网公司电力安全工作规程（变电部分）》（Q/GDW 1799.1—2013）对组合间隙的要求，需作业点正下方场地平整、无跨越物，需具备绝缘斗臂车或绝缘升降平台驶入路线及伸展空间，确保等电位作业人员进出强电场通道满足上述要求。

2. 特定要求

（1）清除异物时，应防止异物短接设备有效绝缘距离。

（2）清除后的异物应装在工具包里，防止掉落损坏设备。

（3）针对长异物时，应将异物缠绕在绝缘操作杆的前段或采用剪断的方式多次处理。

5.1.3 典型作业方法选型原则及依据

作业现场满足上述全部要求的，可以采用等电位作业清除异物，该作业方法，作业时间短，可以避免运行人员复杂的停送电操作和检修人员作业，按停电清除 500kV 导线异物一相需用时 5.5h 计算，直接经济效益可表达为

$$直接经济效益 = 停电时间 \times 线路负荷$$

而间接经济效益可达到直接经济效益的 50~60 倍。

5.1.4 作业过程的关键点

（1）高处作业人员攀登至龙门架作业位置，安装绝缘平梯，如图 5-2 所示。

图 5-2　安装绝缘平梯

（2）等电位作业人员沿绝缘平梯经电位转移进入强电场，如图 5-3 所示，人体裸露部分与带电体的最小距离保持 0.4m。

图 5-3　等电位作业人员沿绝缘平梯进入强电场

（3）等电位作业人员清除异物，如图 5-4 所示，随后等电位作业人员沿绝缘平梯退出强电场。

图 5-4　等电位作业人员清除异物

(4) 拆除绝缘平梯放置地面，高处作业人员返回地面，如图 5-5 所示。

图 5-5 作业结束后照片

(5) 工艺要求

运行人员确认异物已清除后，本次带电作业全部结束。

5.2 带电处理连接点过热

5.2.1 场景简介

隔离开关两侧连接板发热是变电站典型缺陷之一，以往运行人员需通过倒闸操作将需检修的隔离开关间隔停电，步骤繁琐、耗时长，部分存在负荷损失情况。通过间接作业法带电紧固螺栓的方式，可快速解决连接部位发热问题，解决停电带来的不必要问题。

5.2.2 场景要求

1. 基本要求

(1) 人体与带电体的安全距离：35kV 不小于 0.6m，110kV 不小于 1.0m，220kV 不小于 1.8m。

(2) 绝缘操作杆有效绝缘长度：35kV 不小于 0.9m，110kV 不小于 1.3m，220kV 不小于 2.1m。

(3) 组合间隙：35kV 不小于 0.7m，110kV 不小于 1.2m，220kV 不小于 2.1m。

2. 特定要求

（1）发热位置螺栓无严重锈蚀、难以紧固问题，如发热点螺栓存在该类问题，需选取其他带电作业方式开展消缺工作。

（2）发热位置螺栓与地电位作业人员人员站位空间上无遮挡，如存在遮挡，需考虑搭建支撑平台供地电位作业人员使用。

5.2.3 典型作业方法及选型依据

作业现场满足上述全部要求，可以采用 4.1.2 绝缘操作杆作业法带电紧固隔离开关巴掌螺栓，该方法所需工作人员、工器具较少，作业用时短，作业安全、效率高。

5.2.4 作业过程关键点

（1）地电位作业人员检查套筒大小与螺栓相匹配。

地电位作业人员将操作套筒安装在螺栓端部，通过拉、伸、转操作杆微操作，感受套筒是否多余框动，套筒旋转是否受力，判断套筒是否合适，避免套筒过大，将导致紧固过程中损坏螺栓棱角。

（2）螺栓紧固过程中，避免螺栓整体转动。

地电位作业人员紧固螺栓过程中，注意观察螺栓另一端是否同步转动，发现螺栓整体转动情况，需采取对端扳手固定方式防止同步转动措施。

5.2.5 工艺要求

紧固完成后，要求运行人员开展温度复测，观察缺陷是否消除，如未消除，及时采取其他处理措施。

5.3 带电断接引流线

5.3.1 场景简介

隔离开关检修作业是变电站中常见的工作之一，运行人员需通过倒闸操作将需要检修的隔离开关间隔停电，该过程中运行人员操作时间长，操作步骤繁琐，且需改变电网运行方式，在单母线运行的变电站中还会导致负荷损失。通过带电断接引流线的方式，可需检修的隔离开关与母线分开，操作速度快，且不影响该母线正常运行。断接引流线示意如图5-6所示，其现场图如图5-7所示。

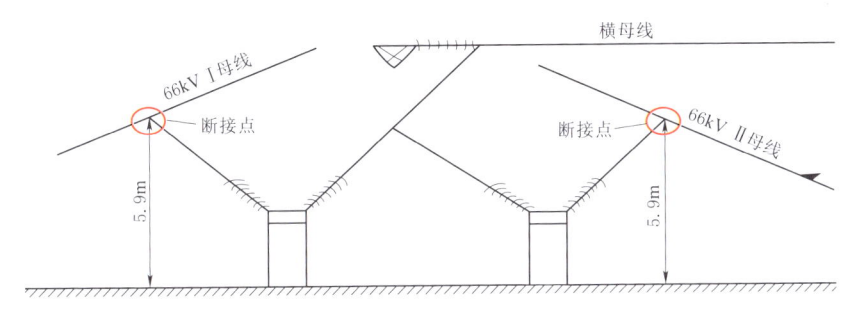

图5-6 断接引流线示意图

图5-7 断接引流线现场图

5.3.2 场景要求

1. 基本要求

（1）严禁作业点下方有跨越导线或设备，如作业点上方有跨越导线，保证所有安全距离度满足《国家电网公司电力安全工作规程（变电部分）》（Q/GDW 1799.1—2013）的要求。

1）组合间隙大于0.8m。

2）对带电体的距离（或对接地体）不小于0.7m。

3）邻相导线的距离不小于0.9m。

（2）等电位作业人员进入强电场的通道，保证组合间隙满足《国家电网公司电力安全工作规程（变电部分）》（Q/GDW 1799.1—2013）的要求；如自然条件下无法满足《国家电网公司电力安全工作规程（变电部分）》（Q/GDW 1799.1—2013）对组合间隙的要求，需地面作业人员调整绝缘人字梯的角度、位置，确保等电位作业人员进出强电场通道满足要求。

2. 特定要求

在需断接的部位，母线侧端子板上隔离开关引流线与跳线或其他引流线由同一根螺丝连接的需先分流再进行断接引作业。

5.3.3 典型作业方法及选型依据

作业现场满足上述全部要求的，可以采用等电位绝缘挂梯带电断接引法，该方法作业时间短，避免复杂的停送电操作。

5.3.4 作业过程关键点

（1）地面作业人员将绝缘挂梯挂在母线断接点附件的合适位置，如图5-8所示，由地电位作业人员控制挂梯尾部，保证等电位作业人员进入强电场时组合间隙满足要求。

图 5-8 合适位置组立挂梯

（2）等电位作业人员携带消弧滑车和引流线牵引绳沿着绝缘挂梯进入强电场，将引流线牵引绳绑扎在引流线上，等电位作业人员在强电场中裸露部分与带电体的最小距离保持0.3m，如图5-9所示。

图 5-9 等电位电工沿挂梯进入强电场

（3）进入等电位作业人员拆除或安装母线与引流线的连接螺丝，带电断引时，从远离隔离开关的一相依次向较近的两相进行，带电接引顺序与断引相反，如图 5-10 所示。

图 5-10 等电位电工安装消弧滑车

（4）地面作业人员利用引流线牵引绳放下或提升引流线，引流线放下或提升过程中要匀速进行，必要时采用绝缘操作杆辅助控制，如图 5-11 所示。

（5）作业完毕，等电位作业人员退出强电场沿绝缘挂梯返回地面。

5.3.5 工艺要求

带电断接引流线作业结束后运行人员需监测断接点温度，防止引连接不

图 5-11 等电位与地面电工配合拆除引线

良导致断接点发热。

5.4 带电检测绝缘子

5.4.1 场景简介

变电站运行中的 220kV 陶瓷绝缘子在运行过程中因生产工艺、产品质量、运行环境等因素导致零值,在变电站经常发生。随着投运年代久远和区域用电负荷急剧增加,零值绝缘子片数日趋增多,如果停电处理,操作步骤繁琐,且需改变电网运行方式,影响电网运行可靠性。通过变电站绝缘子带电检测,如图 5-12 所示,可以有效避免这一问题。

5.4.2 场景要求

1. 基本要求

(1) 检测前,应对绝缘子带电检测装置进行检测,保证操作灵活、测量准确。

(2) 针式绝缘子不应使用火花间隙检测。

(3) 检测应在干燥天气进行。

2. 特定要求

攀登 220kV 及以上构架时,应穿导电鞋或整套屏蔽服(静电服)。

图 5-12 变电站绝缘子带电检测

5.4.3 典型作业方法选型原则及依据

作业现场满足上述全部要求的，可以采用地电位绝缘操作杆作业，该作业方法，作业时间短，可以避免运行人员复杂的停送电操作和检修人员作业。

5.4.4 作业过程的关键点

（1）地电位作业人员携带检测器攀爬爬梯至构架顶端，如图 5-13 所示。

图 5-13 地电位作业人员至构架顶端

（2）地电位作业人员至构架顶端，选择合适的作业位置，作业人员与带电体保持 1.8m 以上距离。

（3）测量时由导线侧向接地挂点侧逐片进行检测，如图 5-14 所示，如发现零值绝缘子，应重复测量 2～3 次，确保测量准确。当一串绝缘子中零值绝缘子数量达到《国家电网公司电力安全工作规程（变电部分）》(Q/GDW 1799.1—2013) 规定数量时需停止检测工作。

（4）检测结束，地电位作业人员沿爬梯返回地面。

（5）记录好零值绝缘子准确位置、型号，本次带电作业全部结束。

图 5-14　地电位电工导线侧向接地挂点侧逐片进行检测

5.5　带电更换绝缘子

5.5.1　场景简介

变电站运行中的 110kV 变电站龙门架绝缘子串经过长时间运行，绝缘子串零值绝缘子多，直接影响了设备的正常运行。随着投运年代久远，一串绝缘子出现零值和玻璃绝缘子自爆的情况较多，已达到对电网安全稳定运行构成威胁，如果停电处理，操作步骤繁琐，且需母线全部停电，直接影响供电可靠性。通过带电更换绝缘子作业，可以有效避免这一问题。

5.5.2　场景要求

1. 基本要求

（1）严禁作业点正下方有跨越导线或设备，如作业点上方有跨越导线，保证所有安全距离度满足《国家电网公司电力安全工作规程（变电部分）》(Q/GDW 1799.1—2013) 的要求。

1) 组合间隙大于 1.2m。

2) 对带电体的距离（或对接地体）不小于 1.0m。

3) 邻相导线的距离不小于 1.4m。

（2）保证扣除人体短接和零值绝缘子片数后，良好绝缘子片数满足《国家电网公司电力安全工作规程（变电部分）》（Q/GDW 1799.1—2013）的要求。

2. 特定要求

（1）作业点下方存在变电设施的情况，需采取绝缘子、导线防坠保护措施。

（2）作业点正下方存在不同相位的变电设施情况，需采取防止等电位作业人员掉落的措施。

（3）当绝缘子串是单串绝缘子时，应采取防止导线脱落的后备保护措施。

5.5.3 典型作业方法选型原则及依据

作业现场满足上述全部要求的，可以采用沿绝缘平梯或绝缘升降平台进行带电更换整串绝缘子，该作方法，作业时间短，可以避免运行人员复杂的停送电操作和检修人员作业，母线可继续向下一级电源供电，没有负荷损失。

5.5.4 作业过程的关键点

（1）作业点下方有设备，等电位作业人员沿绝缘平梯进入电场方式。

1) 龙门架电工与等电位电工沿爬梯到达作业位置，进行零值绝缘子检测，保证扣除人体短接和零值绝缘子片数后，良好绝缘子片数满足《国家电网公司电力安全工作规程（变电部分）》（Q/GDW 1799.1—2013）的要求。

2) 作业现场满足 1) 要求后，龙门架作业人员和地面作业人员配合将绝缘平梯安装至合适位置，计算扣除人体短接绝缘平梯和进入电场前的 0.3m，组合间隙不得小于 1.2m。

3) 龙门架作业人员与地面作业人员配合将绝缘封网安装至待更换相导线正下方，如图 5-15 所示。

4) 等电位作业人员沿着指定绝缘平梯通道，到达作业点合适位置进入强电场，人体裸露部分与带电体的最小距离保持 0.3m。

5) 龙门架上地电位作业人员和等电位作业人员配合将绝缘承力工具和

第 5 章　变电站带电作业典型案例

图 5-15　绝缘封网安装至待更换相导线正下方

防止导线掉落的后备保护措施安装。

6) 龙门架上地电位作业人员和等电位作业人员配合收紧绝缘承力工具，并进行冲击试验合格。

7) 龙门架上地电位作业人员、等电位作业人员和地面作业人员配合更换绝缘子串，如图 5-16 所示。安装的新绝缘子串保证开口方向朝下，绝缘子销子穿向一致。

图 5-16　更换整串绝缘子

8) 更换完成后，拆除绝缘承力工具和防止导线掉落的后备保护措施，等电位作业人员退出电场。

9) 一相更换完毕后,将绝缘封网转移至另一相待更换绝缘子串,随后重复上述步骤将待更换的绝缘子串全部完成。

(2) 作业点下方无设备,等电位作业人员乘绝缘升降平台进入电场方式。

1) 龙门架上地电位作业人员沿爬梯到达作业位置,进行零值绝缘子检测,保证扣除人体短接和零值绝缘子片数后,良好绝缘子片数满足《国家电网公司电力安全工作规程(变电部分)》(Q/GDW 1799.1—2013)的要求。

2) 将绝缘升降平台摆放至作业点等电位侧下方位置,如图 5-17 所示,绝缘平台并良好接地。

图 5-17　绝缘升降平台摆放至作业点等电位侧下方位置

3) 等电位作业人员穿全套合格屏蔽服,屏蔽服最远端之间电阻不大于 20Ω,乘坐绝缘升降平台进入等电位。

4) 龙门架上地电位作业人员和等电位作业人员配合,安装绝缘承力工具和防止导线掉落的后备保护措施。

5) 龙门架上地电位作业人员和等电位作业人员配合收紧绝缘承力工具,并进行冲击试验合格。

6) 龙门架上地电位作业人员、等电位作业人员和地面作业人员配合更换绝缘子串,安装的新绝缘子串保证开口方向朝下,绝缘子销子穿向一致。

7) 更换完成后,拆除绝缘承力工具和防止导线掉落的后备保护措施,等电位作业人员退出电场。

8）一相更换完毕后，随后重复上述步骤将待更换的绝缘子串全部完成。

5.5.5 工艺要求

（1）运行人员对检查工艺，本次工作任务全部完成。

（2）运行人员核实更换完成的绝缘子串开口方向朝下，销子穿向一致，并组织验收。

5.6 带电安装销钉、螺母

5.6.1 场景简介

变电站运行中的 35～220kV 变电站龙门构架、连接金具、绝缘子、引线各连接部位销钉、螺母因安装工艺、产品质量等因素，经过长时间运行，导致销钉、螺栓缺失，直接影响了设备的正常运行。如果停电处理，操作步骤繁琐，且需母线全部停电，直接影响供电可靠性。通过带电补装销钉螺母，可以有效避免这一问题。

5.6.2 场景要求

1. 基本要求

作业点上方如有跨越导线，保证所有安全距离度满足《国家电网公司电力安全工作规程（变电部分）》（Q/GDW 1799.1—2013）的要求：

（1）对带电体的距离：35kV 不小于 0.6m，110kV 不小于 1.0m，220kV 不小于 1.8m。

（2）邻相导线的距离：35kV 不小于 0.8m，110kV 不小于 1.4m，220kV 不小于 2.5m。

2. 特定要求

攀登 220kV 及以上构架时，应穿导电鞋或整套屏蔽服（静电服）。

5.6.3 典型作业方法选型原则及依据

作业现场满足上述全部要求的，可以采用地电位绝缘操作杆作业（靠近龙门架侧绝缘子销钉螺栓可直接进行操作），该作法，作业时间短，可以避免运行人员复杂的停送电操作和检修人员作业。

5.6.4 作业过程的关键点

（1）地电位作业人员携带操作杆（配补装销钉螺栓小工具）攀爬爬梯至构架顶端。

（2）地电位作业人员至构架顶端，如图 5-18 所示，选择合适的作业位置，作业人员与带电体保持安全距离：35kV 不小于 0.6m，110kV 不小于 1.0m，220kV 不小于 1.8m。

图 5-18 地电位作业人员至构架顶端

（3）利用操作杆及小工具补装销钉螺栓，确保安装到位。

（4）工作结束，地电位作业人员携带操作杆沿爬梯返回地面。

5.6.5 工艺要求

（1）销钉螺栓穿向符合标准要求。

（2）运行人员对检查工艺，本次工作任务全部完成。

5.7 35kV 变电站全站转供

5.7.1 场景简介

某 35kV 变电站为单母线运行，开展 35kV 全站预试定检时需将 35kV 母线停电，将造成 4 条 10kV 线路停电，损失负荷 3.9MW，损失负荷占比 100%，损失用户数占比 100%。

为保障变电站 10kV 线路不停电，故通过斗臂车绝缘杆法带电接入 35kV 移动临时变压器实现变电站转供，使用配电网旁路电缆对 10kV 线路供电。35kV 变电站检修设备全停。

图 5-19 移动箱变安装示意图

5.7.2 场景要求

（1）有适合斗臂车摆放点，升降、旋转至作业点附近时障碍物物，绝缘斗臂车金属部分与带电体安全距离：35kV 不小于 1.1m。

（2）绝缘操作杆有效绝缘长度：35kV 不小于 0.9m。

（3）作业人员与带电体安全距离：35kV 不小于 0.6m。

5.7.3 典型作业方法选型原则及依据

作业现场满足上述全部要求的，可以采用斗臂车绝缘操作杆接引线，由于斗臂车绝缘臂可能受到高度限制不能完全伸出，所以依据地电位带电作业技术要求完成作业。

5.7.4 作业过程的关键点

（1）在斗臂车上采用地电位绝缘杆法带电接 35kV 引线至可移动隔离开关一端，作业人员与带电体保持安全距离不小于 0.6m，绝缘杆保持有效绝缘长度不小于 0.9m，如图 5-20 所示。

（2）地面作业人员把隔离开关另一端通过电缆接至站外移动变高压侧，如图 5-21 所示。

（3）移动变低压侧接至 10kV 移动开关柜进线柜，如图 5-22 所示。

图 5-20　地电位作业人员乘坐升高车接引线

图 5-21　隔离开关另一端通过电缆接至站外移动变高压侧

(4) 通过 10kV 电缆转接箱一侧。

(5) 电缆转接箱一侧通过柔性电缆接至 10kV 旁路负荷开关，另一侧柔性电缆带电搭接至 10kV 转供线路。

5.7.5　工艺要求

(1) 选择移动临时变压器额定负荷大于实际用电负荷。

(2) 移动变电站投运前应符合《车载移动式变压器运行与维护规范》(DL/T 2284—2021) 的相关要求。

图 5-22 移动变低压侧接至 10kV 移动开关柜进线柜

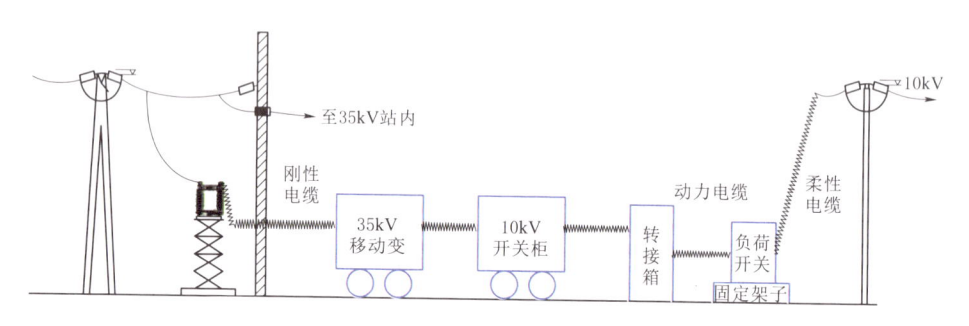

图 5-23 变电站连接图

5.8 变电站 220kV 硬管母线断接引线

5.8.1 场景简介

冀北承德平泉县建平 220kV 变电站,需对 5 号母线 3 号主变出线隔离开关引流线连接处进行断接作业。为减小占地等要求,大部分变电站大都采用硬管母线布置方式。硬管母线间间隙较小,根据国家电网公司典型设计要求,220kV 变电站硬管母间中心距离为 300mm,扣除硬管母直径后,相间最小距离为 285mm 或 283mm,而断接引线作业必须是带电作业人员进入等电位操作才能完成,考虑人体占位 0.5m 后,常规带电作业形式和方法已不能满足硬管母线带电作业的要求,因此,220kV 变电站管母不能采用传统相间进行相间等电位的带电作业。2016 年 11 月 28 日,国网冀北电力有限公司电力科学研究院和承德供电公司紧密合作，采用新研制的电动履带式自行走带电作业升降平台圆满完成了我国首例变电站 220kV 硬管母线等电位带电断接引线检修作业。

图 5-24 等电位断、接中相硬管母线空载隔离开关引线

5.8.2 场景要求

1. 基本要求

(1) 人体与带电体的安全距离：220kV 大于 1.8m。

(2) 相间距离要求：220kV 大于 2.4m。

2. 特定要求

升降平台能够到达作业位置，且能完全展开支撑腿并平稳支撑。

5.8.3 典型作业方法选型原则及依据

作业现场满足上述全部要求的，可以采用等电位带电断接引法，该方法作业时间短，避免复杂的停送电操作。

5.8.4 作业过程的关键点

（1）作业人员在地面选择合适的位置，停好"变电站用电动履带式自行走带电作业升降平台"，等电位作业人员穿好屏蔽服。

（2）当在中相作业时，绝缘升降平台应处于母线中央位置，等电位作业人员进入和退出强电场，保持两边相有足够安全距离。带电断引时，从远离隔离开关的一相依次向较近的另两相进行。

（3）等电位作业人员携控制滑车和控制绳登上绝缘升降平台，操控绝缘升降平台升至离母线 40cm 处，用手转移电位进入强电场。

（4）把安全带挂在母线上，适当位置上安装控制滑车，利用控制滑车和控制绳，将消弧滑车和消弧绳传递上来。

（5）等电位作业人员在母线适当位置上安装消弧滑车，把消弧绳金属导流线的一端绑扎在需断引的引流线线夹上，另一端由地面作业人员拉紧。在需断引的引流线上绑扎控制绳。

（6）检查隔离开关在开位，且无接地后。等电位作业人员拆除引流线连接螺丝。等电位作业人员下降绝缘升降平台退出强电场或远离断引点 4m 以上。

（7）两名地面作业人员互相配合，利用控制绳下放断开引流线，一名地面作业人员迅速下放控制绳，另一名地面作业人员迅速拉下断开引流线，尽快灭弧。同样方法，两名地面作业人员配合，利用消弧绳放下引流线。

（8）等电位作业人员通过绝缘升降平台进入等电位，把安全带挂在母线上，拆除消弧滑车和消弧绳，利用控制滑车和控制绳，将消弧滑车、消弧绳传递到地面。

（9）拆除控制滑车和控制绳，摘下安全带，携控制滑车和控制绳退出强电场返回地面。

（10）其余两相带电断接引工作按照上述步骤进行。

5.8.5 工艺要求

带电断接引流线作业结束后运行人员需监测断接点温度，防止引连接不良导致断接点发热。